AF452386

GUIDE

DU

POSEUR DE CARREAUX

Lithoïdes, Mosaïques,

GRANITS & MARBRES ARTIFICIELS

Prix : 1 fr. 25 cent.

AVIGNON

IMPRIMERIE ADMINISTRATIVE DE GROS FRÈRES

Rue St-Dominique, 18.

—

1874

EXPORTATION

Par suite de traités spéciaux conclus avec diverses Maisons, l'exportation de nos produits ne peut être faite que par l'entremise de nos correspondants directs ou par des Maisons accréditées par eux ; nous engageons donc nos Clients anciens ou nouveaux, qui auraient à nous faire une demande en destination de pays étrangers, à garantir sur *connaissement* qu'ils s'abstiennent de toute expédition, directement ou par l'entremise de tiers, pour un pays autre que celui pour lequel est faite la demande.

CORRESPONDANTS SPÉCIAUX

En Europe

Pour : L'ANGLETERRE, L'ALLEMAGNE, L'ITALIE, L'AUTRICHE, la SUISSE et la TURQUIE.

En Afrique

Pour : ALGER, CONSTANTINE, PHILIPPEVILLE, ORAN, ALEXANDRIE.

Dans l'Amérique du Sud

Pour : LE BRÉSIL, LA PLATA, LE PARAGUAY, L'URAGUAY et la CONFÉDÉRATION ARGENTINE.

REPRÉSENTANTS

A Bordeaux, Toulouse, Perpignan, Cette, Marseille, Lyon, Périgueux, Angoulême, Nantes, Orléans, Paris et les principales villes de France.

Les personnes qui ne sont pas encore en relations d'affaires avec la Maison, sont instamment priées de donner, avec leur première demande, des références pour prendre les renseignements sur leur solvabilité.

USINE A VAPEUR

BREVETS EN FRANCE (S. G. D. G.) & A L'ÉTRANGER

Récompenses aux Expositions Industrielles

MÉDAILLE D'ARGENT A L'EXPOSITION INDUSTRIELLE DE LYON 1872

DIPLOME DE MÉRITE

à l'Exposition Universelle de Vienne (Autriche)

GUIDE

DU

POSEUR DE CARREAUX

PRÉCÉDÉ

D'une Notice sur les Carrelages

LITHOIDES MOSAIQUES

LES GRANITS ET LES MARBRES ARTIFICIELS

FABRIQUÉS

Par F. LAUZUN et L. CHABREL, réunis sous la raison sociale

F. LAUZUN & CIE

Inventeurs et seuls Fabricants

à BOURG-St-ANDÉOL (Ardèche)

PAR

F. LAUZUN

ATELIER spécial de BALUSTRES en PIERRE, VASES, SOCLES, BALUSTRADES COMPLÈTES, etc.

AVIS

—

Il est expressément recommandé, pour éviter toute fausse interprétation des demandes et tout retard dans leur expédition, de désigner exactement :

> **La quantité de mètres carrés,** en fixant séparément l'importance de la commande pour le carrelage et pour la bordure ou frise ;
>
> **Le numéro de l'Album ;**
>
> **La forme et la dimension des carreaux ;**
>
> **La voie d'expédition :** Chemin de fer, gare destinataire ou commissionnaires de roulage ;
>
> **Le mode d'expédition :** En vrac ou avec emballage.

Nota. — Toute demande qui n'atteindra pas l'importance de 25 à 30 mètres ne pourra être expédiée qu'en caisses, à moins d'être chargée en magasin ou desservie directement par la gare expéditrice de Pierrelatte (Paris-Lyon-Méditerranée).

Les bordures ou frises qui encadrent nos dessins dans l'album général peuvent être modifiées et changées à volonté et selon le goût du client. Ce dernier doit donc nous indiquer, avec sa demande, la bordure qu'il désire. A défaut d'indication spéciale il n'est jamais expédié de bordures.

Nous recommandons de laver fréquemment nos dallages à l'eau claire pour en assurer la durée, la beauté et la solidité.

NOTICE

SUR LES

Carrelages fabriqués par F. LAUZUN et Cie

REMARQUABLES PAR

L'ÉCONOMIE, LA DURÉE ET LA SALUBRITÉ

S'il est vrai de dire que chaque produit doit avoir fait ses preuves, avant d'acquérir des droits à la confiance publique, nous pouvons avancer hardîment, qu'après sept années d'expérience, nos carreaux lithoïdes mosaïques et surtout nos granits et nos marbres artificiels sont admis sans réserves aucunes dans les pays où nos dallages ont l'avantage d'être connus.

Créée en 1866, notre industrie a sû bien vite acquérir le premier rang parmi les fabrications similaires et les débouchés qui sont d'habitude le thermomètre d'une industrie, ont pris chez nous une telle extension, qu'après plusieurs agrandissements successifs de local et une augmentation notable dans notre matériel, nous nous sommes encore trouvés dans la nécessité d'abandonner complètement notre mode de fabrication primitive pour monter une usine à vapeur.

Ne fallait-il pas, avant tout, contenter une clientèle qui augmente de jour en jour et qui, par une confiance qui ne s'est jamais démentie, nous impose le devoir et l'obligation de chercher encore de nouveaux moyens pour atteindre, s'il est possible, les limites de la perfection, sans augmentation de la main d'œuvre ? Ne fallait-il pas encore lutter contre l'augmentation des salaires et des matières premières, en demandant à une installation nouvelle la justification de ce mot placé en tête de notre programme : **économie**.

Si nous voulions faire une étude comparée des carrelages qui sont à la disposition de MM. les Architectes et Entrepreneurs, nous pourrions écrire un traité complet dans lequel nos carreaux mosaïques, quoique de fabrication moderne, n'occuperaient pas le rang le moins important ; car depuis le carreau en terre cuite à 2 fr. le mètre, jusqu'aux mosaïques vénitiennes qui atteignent le prix énorme de 1,000 fr. et au-delà, la nature et le prix des produits sont excessivement variés. Mais ce traité qui trouverait cependant sa place dans la bibliothèque des arts et manufactures, n'est pas l'affaire de l'industriel qui ne doit avoir en vue que les questions pratiques et particulières à sa fabrication : nous réservons du reste ce travail pour plus tard. Nous préférons dire à nos clients : nous vous donnons un carrelage qui par sa solidité, son élégance et la modicité de son prix, peut convenir à la fois aux plus riches comme aux plus modestes fortunes ; or, cherchez dans les produits similaires connus jusqu'à ce jour et vous ne trouverez rien, absolument rien qui, aux mêmes conditions, puisse vous offrir les mêmes avantages, la même **économie**.

La première des conditions que doit remplir une industrie sérieuse, c'est le choix des matières premières. Notre maison s'est donc attachée, dès le principe, à choisir tout particulièrement les matières qui devaient faire la base de la fabrication.

« Quand la chaux contient la quantité de silice qui la
» rend éminemment hydraulique (1), elle ne peut plus
» augmenter d'énergie par de nouvelles combinaisons, du
» moins avec les substances entrant dans la composition
» des mortiers ; mais elle acquiert plus de *dureté* par l'ad-
» dition de grains de sable, à raison de l'adhérence qu'elle
» contracte avec eux, adhérence qui semble se manifester,
» non seulement au contact, *mais même à distance* ; de telle
» sorte que chaque grain de sable, par une action toute
» mécanique, augmente la cohésion de la chaux dans une
» certaine étendue. »

Le sable jouant donc un rôle important dans la fabrication des mortiers de toutes sortes, à cause de la part qu'il prend dans leur solidification, nous avons dû nous attacher à n'avoir que du bon sable, exempt de matières *grasses* et *limoneuses*. Aussi quoique le sable du Rhône, que l'on peut ramasser à la porte de l'atelier nous offrit une économie considérable, nous n'avons pas craint, même avec un surplus de dépense qui dépasse le 60 pour °/₀, de faire venir du

---

(1) Technologie du Bâtiment par Théodore Château : *Théorie de la solidification des mortiers.*

sable lavé et pur provenant de la désagrégation des roches granitiques, basaltiques, quartieuses, etc., et contenant une quantité considérable de pouzzolane résultant des anciens volcans du Vivarais.

Nos études particulières ont été plus sérieuses encore quand il a fallu faire le choix de la matière première qui devait faire la base de notre fabrication.

En lisant les travaux de M. Vicat, nous avions vu « qu'en
» pulvérisant les incuits pour les incorporer indistinctement
» dans le mortier, comme on a cru devoir le faire sur quel-
» ques travaux, on peut, au lieu d'améliorer ce mortier, y
» introduire un véritable agent de destruction. »

Or, cette vérité, émise par le savant Ingénieur, dont les admirables découvertes sur les chaux hydrauliques et les ciments ont contribué, pour une si large part, à la richesse et au bien-être matériel du pays et ont valu à son auteur les distinctions les plus honorables, cette vérité, disons-nous, avait obligé les fabricants consciencieux à ne livrer au commerce que des chaux hydrauliques bien franches, bien éteintes et bien purgées d'incuits et de tout ce qui y ressemble.

Mais plus tard, des travaux que l'on fut obligé d'exécuter à travers les bancs formés par les remblais de cette matière, ouvrirent la voie à une industrie nouvelle en prouvant, contre le dire du célèbre ingénieur, que, *dans certains cas*, les incuits, les calcaires silico-argileux, le mâchefer, les biscuits, les durillons, les cendres, et en un mot, tous les résidus de la chaux pouvaient acquérir une dureté supérieure à celle de la chaux hydraulique elle-même. On fit alors de nouvelles recherches et on traita ces matières comme les ciments.

En effet, ils débutaient absolument comme ceux-ci, mais

la cohésion instantanément acquise se perdait en quelques heures par l'effet d'une hydratation lente qui, au lieu de produire une chaux hydraulique ou un ciment, ne produisait comme l'avait annoncé M. Vicat, qu'une chaux limite presque sans valeur.

On ne fut pas découragé par un premier insuccès, la science et l'expérience avaient d'ailleurs prouvés déjà que le ciment de Portland n'était autre chose que le produit désigné par Vicat sous le nom de *calcaire à chaux limite*, cuit d'une manière toute spéciale (1) et l'on fit encore de nouvelles recherches, de nombreux essais dont le résultat a été d'utiliser ces résidus qui pour les constructions de canaux et de rigoles d'arrosage, de bassin, de cuves, etc., sont préférables au mortier de chaux hydraulique, et on les a livrés à l'industrie sous le nom de *Grappier*, de *résidus de chaux* ou de *chaux-ciment* et enfin de *Portland-Lafarge*.

Ici notre rôle de fabricant de carreaux disparaîtrait si nous voulions décrire toutes les études, toutes les expériences, toutes les modifications de fabrication qui ont eu pour résultat définitif de doter l'industrie d'un nouveau produit. Nous craindrions d'ailleurs de dépasser notre but et nous laissons à MM. L. et E. Pavin de Lafarge, dont la réputation est quasi universelle, le soin de. faire connaître au public les procédés ingénieux à l'aide desquels cette usine obtient des produits constants et homogènes. Il y aurait là matière à un traité de la plus haute importance que nous abandonnons à qui de droit.

En ce qui nous concerne, nous ne pouvons qu'ajouter que

---

(1) Dictionnaire des arts et manufactures. Ch. Laboulaye.

l'emploi le plus sérieux qu'on ait fait de ce nouveau produit consiste dans la fabrication de carrelages mobiles parfaitement hydrofuges par leur nature hydraulique, et par suite devenant, dans les endroits bas et humides surtout, plus durs que la pierre et le marbre dont ils acquièrent le poli, le bel aspect et la solidité. Ce carrelage, fabriqué à grande pression, a le mérite de la solidité, de la beauté et de l'économie.

Sa précision mathématique, qu'une cuisson ultérieure ne vient pas détruire ni dénaturer, en permet la pose avec la plus grande facilité et le rend par cela même bien supérieur aux terres cuites, sur lesquelles il a l'immense avantage de ne pas donner de poussière à cause de sa résistance énorme au frottement.

Les formes et les couleurs différentes que l'on peut, au surplus, modifier au gré des clients, permettent d'autre part l'exécution des dessins les plus variés, aussi MM. les Ingénieurs et Architectes se sont-ils empressés de les adopter dans tous les pays où ce nouveau système a été connu en France comme à l'Étranger.

Avant la découverte du produit éminemment hydraulique et de qualité tout-à-fait supérieure qui sert exclusivement à la fabrication de nos carrelages, quelques industriels avaient essayé de fabriquer des carreaux avec de la chaux ordinaire plus ou moins hydraulique ; mais ces produits, qui ont été en quelque sorte le point de départ de l'industrie à laquelle nous avons donné une si grande extension et pour lesquels des brevets ont été pris il y a 20 ans, n'ont pas donné tout le résultat qu'on devait en attendre. Prônés par quelques Architectes qui en avaient fait l'essai, discrédités au contraire par d'autres, nous avons dû lutter bien souvent contre un parti pris d'avance qui, malheureusement pour nous, était fondé et avait le bon droit pour lui.

Tout effet a une cause et notre premier soin a été de nous rendre compte de ces résultats si divers. Dans l'intérêt de notre industrie nous nous sommes posés en antagonistes et, cherchant les défauts plutôt que les qualités de cette nouvelle fabrication, nous avons voulu savoir pourquoi tel carrelage était encore intact 10 ans après la pose, lorsque tel autre placé dans les mêmes conditions était quelquefois ruiné 6 mois après. En examinant cette question avec le parti pris de la bonne foi, de l'amour de la vérité et du désir de suivre une voie sûre, on trouve plusieurs raisons que nous nous faisons un devoir de développer et de soumettre aux personnes compétentes.

Lorsqu'au bout d'un an on démolit un mur de 60 centimètres, par exemple, et construit avec la meilleure chaux hydraulique, le mortier qui se trouve à l'intérieur, si ce mur est bien garni, n'est pas encore bien durci. Si au lieu d'employer la chaux hydraulique on emploie le mortier de Portland et que ce mortier soit fait dans de bonnes conditions et avec un produit parfaitement exempt de chaux, la prise de la bâtisse et le durcissement du mortier intérieur s'opère au contraire dans un délai qui varie de 1 à 3 mois, suivant le volume de sable et d'eau qui a servi pour employer un volume de ciment. Au surplus « si le ciment qui contient trop de » chaux est employé comme mortier, une partie de la chaux » en excès s'éteint peu à peu et les briques se déplacent. » (1)

Ces quelques observations bien constatées, nous n'avons

____

(1) **Annales** du génie civil. Avril, 1870.

pas eu à chercher d'autres données pour établir la base de notre industrie et la raison des insuccès passés. La chaux et surtout une chaux de qualité inférieure était le loup dans la bergerie.

Les carreaux fabriqués en principe avec de la chaux hydraulique demandaient un délai de livraison qui pour le fabricant consciencieux ne pouvait pas être moindre d'un an, car à cette époque l'épreuve est faite et si le carrelage doit subir un retrait quelconque ou si la matière première doit, par une extinction ultérieure, désagréger le produit, ce dernier n'est plus livrable et passe au rébut. Mais cette condition essentielle était loin d'être pratique : elle aurait exigé de la part du fabricant des avances énormes de capitaux, des magasins considérables et une confiance bien grande dans l'avenir d'un produit dont il était difficile de prévoir les débouchés. Quand la vente s'est présentée, l'industriel s'est empressé de réaliser et, si la demande s'est portée sur des carreaux de fabrication récente, il les a livrés sans scrupule, quelquefois même à contre-cœur, nous pourrions même dire le plus souvent de bonne foi ; mais, quelle que fut la raison déterminante, le client en a subi toutes les conséquences. Ceux au contraire qui, mieux inspirés ou servi par les circonstances, n'ont employé que des carreaux vieux, ayant un an et plus de fabrication ; ceux-là, disons-nous, sont devenus les partisans convaincus de la nouvelle industrie.

Une autre cause d'insuccès des premiers carreaux livrés à la consommation provient de la pose. Nous en dirons deux mots lorsque nous traiterons cet article (1).

---

(1) Voir page 27 et suivantes de ce traité.

Sublatâ causâ tollitur effectus (1), dit la vieille médecine ; or, l'industriel sérieux, qu'on nous permette cette comparaison, doit, comme le médecin, chercher la cause des insuccès pour guérir son industrie des procédés ou des emplois vicieux qui peuvent la tuer dès le principe.

La chaux ne donnant que des carreaux qui restent trop-longtemps de durcir et dont le retrait est considérable, nous avons impitoyablement banni ce produit dans notre fabrication et nous n'avons pas hésité pour adopter l'emploi d'une matière première qui nous coûte trois fois plus. Nous avons fait pour la chaux ce que nous avons fait pour le sable du Rhône et nous pouvons garantir à nos clients que nos dallages sont uniquement et exclusivement fabriqués avec le **Portland-Lafarge,** *seul produit capable de fournir une bonne fabrication.*

Pour maintenir nos carrelages à la hauteur où ils se sont naturellement placés, il ne suffisait pas d'opérer avec des matières de premier choix, il fallait encore que la fabrication fut sérieuse au point de vue industriel. Or, le fabricant ne peut atteindre un tel but, d'une matière sûre, qu'en appelant à son aide les moyens mécaniques et en faisant *table rase* de la routine et du *mauvais vouloir.* Une machine à vapeur et des presses puissantes nous étaient donc indispensables, si nous voulions assurer à nos carreaux ce mode de fabrication consciencieuse qui, prenant son point de départ dans le choix des matières premières, se poursuit, à travers les procédés de mélange et de fabrication, jusqu'à la livraison du produit, et permet d'assurer d'avance au client, d'une manière cons-tante, toutes les garanties de **solidité** et de **durée.**

---

(1) En supprimant la cause on détruit l'effet.

Nous disons encore que nos produits offrent tous les avantages qui peuvent assurer la **salubrité** des logements où on en fait usage.

Pour établir cette vérité indiscutable aujourd'hui et sanctionnée par la théorie et la pratique, il n'est pas nécessaire d'écrire ici un cours d'hygiène, ni de nous lancer à perte de vue dans des raisonnements physiologiques. Trois ou quatre considérations générales nous suffisent.

Nos carreaux, avons-nous dit déjà, *ne font pas de poussière.*

Or, qu'y a-t-il de plus désagréable et de plus nuisible à la santé que cet air chargé d'une poussière rougeâtre, très-fine et presque invisible, qu'on est quelquefois forcé de respirer dans les écoles, les salles d'asile, les églises et eh un mot dans tous les endroits publics, susceptibles de recevoir de grandes réunions, lorsque le sol est carrelé avec des terres cuites dont la dureté est bien souvent douteuse, par suite d'une cuisson imparfaite ou l'emploi de terres de mauvaise qualité.

L'usure de nos carreaux, presque nulle au frottement, est au contraire un fait indiscutable et acquis aujourd'hui, nous garantissons du reste nos produits sous ce rapport ; or, s'il n'y a pas d'usure, il n'y a pas de poussière et par suite un agent destructeur de moins dans l'économie animale.

Les lavages successifs qu'on peut faire supporter à nos produits et qui n'ont d'autre but que de les durcir, de rendre les couleurs plus nettes et plus vives, et d'en polir la surface, qui prend alors l'aspect du marbre ciré, sont encore une garantie de **salubrité**, rien n'étant plus propre à l'assainissement des logements que les lavages fréquents et à l'eau pure. Mais ces lavages sont-ils toujours possibles avec les terres cuites ? nous ne craignons pas de répondre **non**.

La terre cuite est généralement spongieuse et absorbe une forte quantité d'eau. A la vérité dans cet état d'humidité la poussière est nulle, mais en échange les dames y trouvent le triste avantage de teindre en rouge *brique* ou en jaune sale le bord des vêtements et tout le monde l'inconvénient d'absorber, dans les parties inférieures du corps, l'humidité que le sol rend peu à peu par l'évaporation. En un mot, d'un logement salubre on en fait presque toujours un logement insalubre, en l'assimilant aux endroits bas et humides.

Au surplus, l'humidité est un agent de destruction pour les terres cuites qui le plus souvent se couvrent de salpêtre.

Cet inconvénient n'est pas à redouter avec nos produits. Pendant les deux ou trois premiers mois de la pose, nos carreaux absorbent à la vérité une partie de l'eau qui sert au lavage, s'ils sont dans un endroit sec et, s'ils sont dans un endroit bas et humide, ils restent eux-mêmes humides pendant ce même laps de temps ; mais dès que nos produits sont suffisamment hydratés, l'eau n'a pas plus d'action sur eux que sur le marbre le plus dur : l'humidité naturelle reste dans le sous-sol et il suffit alors de passer un linge humide sur le carrelage pour le maintenir constamment dans un état parfait de propreté.

Nos carreaux peuvent à la vérité se cirer comme le marbre et dans ce cas leur aspect ne le cède en rien aux dessins les plus riches ; mais l'entretien par *le cirage* étant un travail toujours long, onéreux et le plus souvent *insalubre*, nos produits ont encore sur ces derniers l'avantage de *ne pas rendre le cirage obligatoire*.

Le marbre qui n'est pas ciré devient *mat* ; nos carreaux au contraire deviennent d'autant plus luisants qu'ils sont soumis à une plus grande fatigue et qu'ils sont lavés plus souvent.

Nous pouvons donc conclure de ce qui précède, que les produits que nous livrons à nos Clients réunissent à la fois les trois grandes garanties qui sont la base de l'**Art de construire**.

1° **L'économie,** puisque le tarif de nos dessins les plus riches n'est que le 50 p. 0/0 du prix des marbres les plus ordinaires et que nous pouvons même livrer des carrelages qui ne coûtent que le 25 p. 0/0 ;

2° La **Durée** et la **Solidité**, attendu que nos carreaux ne s'usent pas au frottement ;

3° La **Salubrité,** puisqu'ils n'absorbent pas l'humidité et ne donnent pas de poussière comme la terre cuite.

A ces trois qualités nous pourrions en ajouter une quatrième et dire que nos dallages sont remarquables et reconnus supérieurs par MM. les Architectes à cause de la *variété de la forme et des couleurs*, ce qui permet d'obtenir des combinaisons à l'infini.

GUIDE DU POSEUR

OU

INSTRUCTION PRATIQUE SUR LA POSE DES CARREAUX LITHOIDES

FABRIQUÉS PAR

F. LAUZUN & Cie

La solidité, la durée et la beauté de nos carrelages mosaïques, de nos granits et de nos marbres artificiels dépendent
de trois conditions aussi importantes l'une que l'autre : du
choix de la matière première, de la *pose* et de l'*entretien* du
carrelage.

La première condition qui dépend de nous est soigneuse-
ment et scrupuleusement remplie. Il suffit de lire la *Notice*
qui précède, pour comprendre que nous n'avons rien négligé
pour atteindre ce but. Nous ne nous sommes pas contentés
de n'employer dans notre fabrication que les seuls produits
de la maison L. et E. Pavin de Lafarge, dont la chaux et le

ciment sont acceptés en première ligne par le corps du génie civil et militaire ; mais nous avons encore installé notre usine de manière à assurer à nos produits une fabrication régulière et constamment homogène, en appelant à notre secours les moyens mécaniques.

La seconde condition est l'affaire du *Poseur* et comme il ne nous est pas possible de fournir des ouvriers pour les 30,000 mètres que nous expédions annuellement et dont le chiffre tend à s'élever, puisque nous continuons à refuser une quantité considérable de demandes, nous avons pris le parti d'écrire le **Guide du Poseur.**. les divers traités qui existent sur la maçonnerie, la briquetterie, les carrelages, etc., ne donnant aucune instruction spéciale à ce sujet.

Enfin la troisième condition, c'est-à-dire l'*entretien*, dépend du **Client** lui-même. Quelque soit le prix de l'étoffe, l'habit qui n'est jamais brossé ne peut faire un bon usage, pas plus qu'il ne fait honneur à celui qui le porte et à l'ouvrier qui l'a fourni. Nous en dirons autant de nos produits : il faut de toute rigueur les laver pour les tenir propres et leur donner le brillant et la vivacité des couleurs qui en font le principal mérite.

Nous diviserons ce petit traité en huit articles dans lesquels nous étudierons tous les soins à donner pour arriver à une bonne pose. Nous donnerons ensuite un chapitre spécial qui indiquera le meilleur moyen à suivre pour l'entretien du carrelage.

1° RÉCEPTION DES CARREAUX.

Lorsque nos produits arrivent à destination, on doit avoir soin de les débarraser de la paille qui a servi à faciliter le transport des carreaux dans de bonnes conditions. Si ces derniers doivent rester longtemps en magasin, on les place par rang et de champ sur des lattes de plâtriers, en juxtaposant les côtés polis : lorsqu'un premier rang est formé, on y place dessus deux lattes sur lesquelles on pose un second rang, et ainsi de suite. Dans le cas au contraire où les carreaux devraient être employés très-prochainement, on peut les poser tout simplement à plat et par tas de 25 à 30 carreaux, en prenant toujours soin de placer les côtés polis face à face et de les débarrasser de la paille qui, par suite de l'humidité, pourrait se moisir et tâcher en jaune.

Pour les expéditions de peu d'importance et lorsque le destinataire, éloigné du chemin de fer, est obligé de recevoir par camionnage, sans avoir un chargement complet, nous expédions ordinairement dans des caisses contenant un mètre carré de carreaux. Ce mode d'expédition est encore employé lorsque nos carreaux sont obligés de prendre la mer. Il est important alors de sortir les carreaux dès l'arrivée pour s'assurer que rien n'a souffert en route, par suite d'une manutention parfois peu soigneuse. Il est évident qu'une caisse qui serait jetée comme une balle de coton ou qui tomberait par bout, sur le quai de la gare et d'une certaine hauteur, pourrait ne conserver à l'extérieur aucune trace d'avarie alors que le contre-coup, quelle que soit l'attention de nos emballeurs, aurait pour résultat inévitable et 9 fois sur 10, de briser une partie des carreaux. Le déballage des carreaux a donc le double avantage de permettre au client de se rendre compte de l'état de l'expédition et d'empêcher les carreaux de se tâcher dans la paille d'emballage, si les caisses ont été mouillées en route.

Aussi adoptons-nous toujours le mode d'expédition *en vrac*, avec lequel nos carreaux ne peuvent souffrir des coups de tampons que reçoivent les wagons et dont le déchargement s'opère forcément d'une manière régulière et soignée. Au surplus l'expédition *en vrac* a l'immense avantage de permettre au client de vérifier la marchandise avant d'en prendre livraison (1).

2° PRÉPARATION

DU SOL QUI DOIT RECEVOIR LE CARRELAGE.

La pose doit se faire sur un sol ferme et résistant, ou, ce qui est préférable, sur béton de 2 à 4 centimètres d'épaisseur. Lorsqu'on doit immédiatement après la pose se servir du local qui a reçu le carrelage, il est nécessaire de poser sur

---

(1) Voir nos conditions de vente, dans le complément qui fait suite au *Guide du Poseur*, page 71 et suivantes.

un béton qui a fait sa prise et que l'on a soin d'arroser fortement à l'avance. Dans le cas contraire, il est préférable de
jeter le béton pour niveler parfaitement le sol à un demi
centimètre en dessous de l'épaisseur des carreaux et de commencer la pose le lendemain. S'il s'agit, par exemple, du
carrelage d'une Église ou d'un vaste local, on jette le béton
au fur et à mesure que le travail avance, de manière à poser
toujours sur un béton ferme, mais qui n'a pas fait sa prise.
Par ce moyen l'ensemble du travail ne fait qu'un seul corps.

Avant de commencer la pose et lorsque le sol est disposé
pour cela, l'ouvrier doit tracer deux lignes au milieu de l'appartement : une dans le sens de la longueur et l'autre sur
la largeur. Ces deux lignes servent de repère pour la
direction qu'on doit donner au carrelage, la position de
la bordure, s'il y a lieu d'en poser une, et la dimension
des remplissages entre la bordure et le mur. Quelquefois
l'irrégularité des appartements oblige de *tricher* un peu,
d'un côté ou de l'autre, pour que l'ensemble du carrelage
ne soit pas ridicule, dissimule si c'est possible l'irrégularité du local et se présente bien à l'arrivée des portes.
D'autres fois il faut diminuer, en longueur ou en largeur,
le dessin qui forme le fond, c'est-à-dire le dessin principal,
en éloignant la bordure du mur et en augmentant la
largeur du remplissage ; mais toutes ces appréciations
doivent être laissées au bon goût et à l'intelligence de l'ouvrier, qui a son tour doit tenir compte de la destination du
local qu'il s'agit de carreler et des objets qu'il doit renfer-
mer. Nous reviendrons sur ces détails lorsque nous traiterons de la Pose des bordures (voir page 33 et suivantes).

3° PRÉPARATION

DES CARREAUX ET DU MORTIER DE POSE.

Les carreaux doivent être *trempés dans l'eau* avant la pose qui est la même que celle du carrelage ordinaire et du carrelage en marbre. Nous insistons fortement sur ce point et nous recommandons de laisser les carreaux dans l'eau au moins dix minutes : des carreaux posés à l'état sec n'ont pas d'adhérence avec le mortier qui sert à les poser et deux mois après tout le carrelage remue, ce qui oblige inévitablement de recommencer le travail.

Par suite de la nature hydraulique de nos produits, l'ouvrier devra toujours employer de préférence le mortier fin à la chaux hydraulique ou le mortier *mixte* avec ciment : ce dernier dans la proportion de 4 à 5 kilogrammes pour la quantité de mortier qui doit suffire à la pose de 1 mètre carré de dallage. On peut encore se servir du mortier fait avec le *Portland* et généralement de tous les ciments à prise lente.

Nous bannissons le *plâtre* pour la pose de nos carreaux, par la raison toute simple que ce dernier se gonflant sous l'action de l'humidité fait soulever le carrelage. Tout ce qu'il est possible de tolérer, et encore jamais au rez-de-chaussée, c'est l'emploi du mortier dit *bâtard*, c'est-à-dire du mortier hydraulique ordinaire avec addition de plâtre.

Si le carrelage devait être livré à la circulation immédiament après la pose, il serait indispensable de poser les carreaux avec le ciment.

4° MANIÈRE DE COUPER LES CARREAUX.

La coupe des carreaux peut s'opérer de plusieurs manières et comme les poseurs qui n'ont pas l'habitude d'employer nos carrelages pourraient être embarrassés au premier abord, nous allons entrer dans les détails les plus minutieux.

Certains ouvriers se servent pour couper les carreaux d'un *marteau de pose* (fig. 1), ayant une panne carrée d'un côté et une hachette de l'autre. Ce marteau qui pèse un kilog., doit avoir un manche très-court, de 14 à 18 centimètres tout au plus. La longueur du marteau lui-même est de 15 centimètres : la panne doit avoir 27 millimètres de côté et la hachette 35 millimètres de largeur.

Fig. 1.

Marteau de Pose.

On entaille le carreau avec la hachette et à petits coups, en l'appuyant sur l'angle d'une pierre de manière que cet angle soit diamétralement oppo** à la ligne suivie par la hachette (fig. 2). Quand on a marqué la ligne de rupture dans toute sa longueur on recommence l'entaille pour l'approfondir. Il est rare qu'on passe 3 fois la hachette dans toute la longueur de la ligne, à une profondeur de 2 ou 3 milimètres, sans que le carreau se coupe à l'endroit voulu.

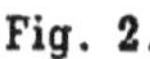

Fig. 2.

Ce premier procédé n'est pas le plus facile, il demande d'ailleurs une grande habitude de la part de l'ouvrier, mais il est le plus expéditif.

On peut encore avec une règle et une pointe d'acier bien aiguisée, un tiers-point par exemple ou la queue d'une lime ou d'une râpe, creuser une ligne de 2 à 3 millimètres de profondeur à l'endroit où l'on veut couper le carreau. Prenant ensuite ce dernier avec les deux mains, il suffit de donner un coup sec sur un angle quelconque (fig. 3.) dans la direction de la ligne de rupture et du côté opposé, pour que le carreau se casse régulièrement.

Au lieu de frapper le carreau sur un angle pour le séparer à la ligne de rupture, ce qui n'est pas toujours facile à trouver sur un chantier, il est tout aussi simple de poser le carreau à plat de manière à ce qu'il porte bien et de prendre un ciseau de tailleur de pierre bien aminci : il suffit alors de promener le ciseau dans la ligne que l'on a tracée en le frappant à petits coups avec le marteau de pose (fig. 4) pour que le carreau se sépare à l'endroit voulu, aussi régulièrement que le vitrier coupe le

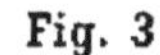

Fig. 3.

Fig. 4.

verre à vitre ou les glaces, dans la direction de la ligne tracée avec le diamant.

Lorsque le carreau qui est coupé doit être posé contre le mur, il est inutile de toucher au joint, puisque la cassure se perd contre le mur et se recouvre ordinairement avec la plinthe; mais si ce carreau doit être posé contre une bordure ou contre un autre carreau quelconque, le joint demande beaucoup plus de soins et on le dresse alors avec une râpe.

Il arrive quelquefois à la pose que l'ouvrier est obligé de couper des carreaux qui ne sont pas en ligne droite, ce qui ne permet pas d'employer l'un des moyens que nous venons de décrire. Dans ce cas, le poseur trace au crayon la forme que le carreau doit prendre et, avec un ciseau de taille très-court et dont le tranchant n'a pas plus de 2 centimètres, il ébauche grossièrement le carreau et à grands coups, jusqu'à un centimètre du trait, en ayant toujours soin de dégraisser le carreau en dessous, c'est-à-dire qu'avant de donner un coup de ciseau sur la surface de dessus ou la surface polie, il doit faire un éclat en dessous et au même endroit (fig. 5).

Fig. 5

Il termine ensuite la taille du carreau de la même manière, en enlevant à petits morceaux et de proche en proche jusqu'au trait qu'il a tracé. Dans cette taille irrégulière, le seul point important à observer consiste à placer d'abord le ciseau sur le milieu de l'épaisseur du carreau que l'on peut tenir sur les genoux et de faire partir d'un coup la partie inférieure : par un second coup de ciseau on enlève ensuite la partie de dessus. En un mot, dans ce dernier cas, nos carreaux se taillent comme les carreaux en pierre dure ou en marbre.

Les ouvriers qui ont l'habitude du marteau de pose et qui savent se servir du côté en forme de hachette, ne prennent pas la peine d'employer le ciseau pour faire l'opération qui précède. Le marteau seul leur suffit pour donner au carreau n'importe quelle forme. Ils prennent le carreau comme le représente la fig. 2 et en le guidant de la main gauche, ils le font courir, selon la ligne de rupture, sur l'angle de la pierre qui leur sert d'appui. Avec la panne ils font partir en éclat le dessous du carreau et avec la hachette ils taillent le dessus jusqu'à la ligne tracée au crayon

Enfin certains ouvriers se servent d'une scie de marbrier pour la coupe des carreaux, mais ce procédé est beaucoup trop long et ne peut servir que pour les coupures qui sont en ligne droite.

5° POSE DES CARREAUX.

Il est important que l'ouvrier soit bien soigneux pour la pose de chaque carreau. Il doit faire des joints le moins possible et tenir les arêtes parfaitement de niveau, ce qui est d'autant plus facile que nos carreaux sont d'une grande précision. En un mot, il faut que le carrelage soit parfaitement uni et semble fait d'une seule pièce.

Il arrive parfois que malgré tous les soins du poseur le carrelage offre des ondulations et des joints défectueux quand il est sec et terminé. Ce défaut provient le plus souvent, et nous pouvons dire presque toujours, de ce que l'ouvrier a laissé trop de hauteur entre le premier béton et le carreau, et qu'il est obligé de charger la quantité de matière qui sert à fixer le carreau sur ce béton ; mais s'il a eu soin de régaler le sol de manière à n'avoir qu'un demi centimètre ou un centimètre au plus d'épaisseur pour le mortier fin, qui doit servir à fixer le carreau, cet inconvénient n'est pas à redouter et ce dernier n'en est que plus solide et ne descend pas après la pose. Il ne faut pas perdre de vue que le mortier, surtout s'il est un peu liquide, a du retrait en séchant ; or, si le poseur place le carreau sur un bain de mortier de 3 à 4 centimètres d'épaisseur, il arrive de deux choses l'une : ou le mortier descend seul en faisant son retrait et abandonne le carreau, ou le carreau conserve son adhérence et suit le mortier. Dans le premier cas les carreaux remuent et se soulèvent n'étant plus liés au béton ou au sol ; dans le second cas le carrelage perd son niveau et prend des ondulations très-disgracieuses et nuisibles à la solidité du travail. Car l'usure de nos carreaux étant presque nulle au frottement, on ne doit pas s'attendre à voir le carrelage se niveler de lui-même avec le temps, comme le font les terres cuites, peu de jours après la pose, par l'usure des bords qui sont en saillie. Il est plus facile de briser nos carreaux que de les user, et lorsqu'une arête fait saillie, les bords du carreau

l'effritent, c'est-à-dire se brisent, ce qui a fait dire injuste-
ment que nos carreaux avaient du retrait.

Puisque nous en sommes sur cet article, qu'on nous permette un mot en passant. Il est évident que si les carreaux
employés n'ont que 15 jours ou un mois de fabrication, la
matière n'aura pas eu le temps de durcir et qu'un retrait
presque insensible est inévitable ; car tous les mortiers de
chaux ou de ciments sont plus ou moins sujets à cet inconvénient, qui est même commun à certaines pierres au sortir
de la carrière. Or, si dans cet état nos carreaux sont posés
avec des joints trop larges, qu'il faut ensuite garnir par
l'abreuvage au mortier fin et que d'autre part le niveau soit
mal observé il est facile de prévoir ce qui arrivera : en
séchant, le mortier des joints se séparera, et sortira peu à peu
pour s'en aller avec les balayures, en laissant un vide qu'on
prendra mal à propos pour un retrait des carreaux ; d'autre
part, les arêtes qui dépasseront le niveau du carrelage s'effri-
teront et rendront le joint beaucoup plus sensible ; en un mot
le carrelage sera ruiné. Pour éviter cet écueil, en ce qui nous
concerne, nous ne livrons jamais nos carreaux avant trois
mois de fabrication, à moins de raisons spéciales, c'est-à-dire
lorsque ces carreaux *frais* sont destinés à former des arrières
bordures ou que le dallage général doit se poser dans un
appartement qui ne doit être livré que 2 ou 3 mois plus tard,
permettant ainsi à nos produits de durcir sur place. Mais
dans ce cas la livraison n'est faite qu'après avoir prévenu le
client des inconvénients qui peuvent en résulter et des pré-
cautions à prendre pour les éviter.

Nous avons dit qu'employés trop frais nos carreaux avaient
un retrait *presque insensible* ; mais nous aurions pu dire avec
beaucoup plus de raison *presque nul*. L'expérience vient à

l'appui de cette vérité et pour nous convaincre nous-même nous avons fait poser sur un seuil de porte (1) des carreaux n'ayant que 6 jours de fabrication : la pose a eu lieu au ciment, en prenant les plus grands soins pour que les carreaux fussent parfaitement juxtaposés et le joint nul. Il n'y a pas eu de retrait sensible et sur ce fait nous avons pu convaincre beaucoup de nos clients *de visu* et, comme on le dit, les pièces à l'appui. Nous avons renouvelé plusieurs fois la même expérience qui toujours a été couronnée du même succès. D'ailleurs un autre fait qui prouve l'absence du retrait, c'est l'impossibilité où se trouvent les carreaux de repasser, même un an après, à travers les moules qui ont servis à leur fabrication, or, s'il y avait retrait, ne fut-il que d'un millimètre, cette difficulté n'aurait pas lieu.

Il faut conclure de ce qui précède que les reproches qu'on a quelque fois adressés aux produits factices en général n'étaient pas fondés et qu'on a pris le résultat d'une mauvaise fabrication pour un vice du produit lui-même, c'est-à-dire l'effet pour la cause. Nous faisons toutefois nos réserves pour des carreaux fabriqués avec des matières premières de mauvaise qualité, comme nous l'avons déjà expliqué dans la notice qui précède (2) et c'est pour ne pas rencontrer cet écueil nous-même que nous employons exclusivement le ciment *Portland-Lafarge*.

---

(1) Cette expérience a eu lieu dans un débit de tabac des plus fréquentés, sur un seuil de 0 m 80 c. de largeur, de sorte que les clients étaient forcément obligés de passer sur nos carreaux pour entrer dans le débit. Il y a 5 ans de cela (1869) et les carreaux sont intacts malgré la fatigue qu'ils ont à supporter.

(2) Voir pages 11 et 12.

Le lecteur trouvera peut-être notre digression un peu longue, mais nous avons cru que cette explication, loyalement donnée, était indispensable. Le client y trouve la cause d'un mécompte toujours désagréable et l'ouvrier un avertissement qui ne peut que tourner à l'avantage du travail qui lui est confié. Cela dit, revenons à notre sujet.

Pour éviter de se perdre dans le travail et afin d'arriver à une composition régulière aux extrémités, on doit toujours commencer le carrelage par le milieu de la pièce.

S'il s'agit d'un dallage posé carrément ; on place un rang de 8 à 10 carreaux, en se guidant, dans cette première pose, au moyen des lignes que l'on a tracées sur le sol et qui fixent d'avance la manière dont le carrelage doit *danser*, c'est-à-dire se présenter dans l'appartement.

Pour tenir cette première ligne bien droite, bien de niveau et fixer la hauteur du carrelage, certains ouvriers tendent un gros fil qui leur sert de guide et contre lequel doit arriver le bord supérieur de chaque carreau. D'autres se servent d'une règle de 2 mètres qu'ils calent bien, en la fixant provisoirement sur le sol avec du mortier : dans ce cas le dessus de la règle doit être posé de manière qu'il effleure le dessus des carreaux ; en un mot, la règle doit faire fonction d'un rang de carreaux. Quelle que soit la méthode le résultat est le même. Le premier rang étant posé, on en commence un second et ainsi de suite jusqu'à la fin du travail, en se servant toujours de la règle ou du fil pour fixer le rang suivant, selon qu'on trouve l'un ou l'autre plus commode.

Lorsque le dallage doit être placé en diagonale, au lieu de poser 8 à 10 carreaux sur une même ligne, on place au contraire 4 carreaux de manière à former un carré dont les angles passent bien sous les fils que l'on a tendus dans le milieu de l'appartement, en largeur et en longueur, pour fixer la position du carrelage ; en un mot, les fils doivent indiquer la normale des diagonales. Dans ce début il est facile de comprendre que la règle est inutile et qu'on ne peut se servir que des fils. On s'assure alors, avec le niveau à bulle d'air, que les quatre premiers carreaux sont bien posés d'aplomb et on les entoure d'un autre rang de carreaux, ce qui donne un total de 16 carreaux, bien suffisant pour rendre la position du carrelage définitive. Il ne reste plus qu'à continuer le carrelage comme à l'ordinaire, c'est-à-dire qu'on pose les carreaux carrément en se servant de la règle ou du fil que l'on place dans la direction de la ligne de pose.

Dans le dallage octogone (n° 200 et 482 de notre album), certains ouvriers posent d'abord plusieurs rangs de carreaux et placent ensuite, dans les endroits laissés vides, les petits carreaux de 10 centimètres qui servent de remplissage. Ce procédé est vicieux parce que la pose du petit carreau dérange presque toujours la position du carreau octogone en faisant fuir le mortier qui est en excès. Dans le cas au contraire où il y a peu de mortier, ce petit carreau descend trop et il est impossible ensuite de le remonter pour le faire effleurer. Le meilleur procédé consiste à poser alternativement un rang de carreaux octogones et un rang de carreaux de 10 centimètres, c'est-à-dire de placer les carreaux comme ils se présentent sur le dessin. Par ce moyen, lorsqu'on place le deuxième rang de carreaux octogones, si les carreaux de remplissage se soulèvent un peu on les frappe légèrement avec le manche du marteau de pose, pour les faire descendre, pendant qu'on tient encore avec la main gauche le carreau octogone que l'on vient de mettre en place.

Pour les carreaux hexagones on pose d'abord un premier rang, comme pour ceux de forme carrée et l'on continue d'après la méthode indiquée ci-devant pour ce dernier carrelage.

Dans les carrelages hexagones blancs et noirs, posés sous forme de damier (n°s 150 et 152 de l'Album général), le carreau noir n'entre que pour un tiers ou un quart du nombre des carreaux que nous devons fournir au client. Or, il arrive souvent, qu'au moment de terminer le travail, nous recevons une lettre dans laquelle on nous prévient que notre expéditeur s'est trompé sur le décompte des carreaux : à la fin de la pose l'ouvrier trouve un excédant de carreaux blancs, alors qu'il n'a plus de carreaux noirs pour continuer le dessin. Dans ce cas l'erreur ne provient pas du décompte de notre fourniture, mais de la manière dont l'ouvrier a commencé la pose. Il est évident en effet que si les dimensions de l'appartement exigent, par exemple, 9 rangs de carreaux hexagones et qu'à la pose on commence par un rang de carreaux noirs, on aura forcément, dans l'ensemble du dallage, 5 rangs de carreaux noirs et 4 rangs de carreaux blancs, et par suite le nombre des carreaux noirs employés sera plus considérable que celui du décompte. Avant de commencer la pose l'ouvrier devra donc se rendre compte de la manière dont il doit commencer le travail, soit par le calcul, soit en posant quelques carreaux à sec, afin de s'assurer s'il doit placer tout un rang de carreaux blancs entiers, ou simplement des demi-carreaux selon le besoin.

Quelle que soit la forme des carreaux, on doit avoir bien soin, lorsqu'on a fini de poser un rang de carreaux, d'enlever tout le mortier qui dépasse et qui a servi à les fixer. Sans cette précaution très importante, ce peu de mortier qui serait durci et par conséquent n'offrirait pas la même homogénéité que celui qui sert à fixer le carreau suivant, ne permettrait pas de l'asseoir solidement et d'une manière convenable. On aurait pour résultat inévitable un carrelage mal de niveau et présentant des joints inégaux. D'ailleurs l'ouvrier trouverait beaucoup de difficultés à continuer la pose dans de telles conditions.

Les poseurs qui ont l'habitude d'employer la terre cuite grossière qu'on appelle vulgairement *mavon,* présentent le carreau avec et sur la truelle et le lâchent ensuite sur le bain de mortier, à l'endroit qu'il doit occuper. Ce mode de pose est vicieux et ne peut amener que des joints formés par le mortier qui remonte entre les carreaux juxtaposés. Lorsque l'ouvrier a jeté la matière qui doit servir de lit et fixer le carreau sur le béton, il doit au contraire prendre ce carreau

Fig. 6.

avec les deux mains, entre le pouce et le majeur (fig. 6) et le présenter bien de niveau et horizontalement, de manière que les côtés descendent bien perpendiculairement et en glissant contre le côté correspondant des carreaux qui sont déjà posés. De cette manière le mortier ne remonte pas entre les carreaux qui sont déjà en place et le carreau qu'on veut fixer, et les joints sont nuls.

Pour que le carreau qu'on vient de poser prenne bien sa place, on le frappe à petits coups avec le manche du marteau de pose, tout en le guidant de la main gauche, dont les doigts doivent reposer sur les joints formés par le carreau que l'on place et les deux carreaux adjacents déjà posés, afin de bien saisir le moment précis où le carreau arrive de niveau et de ne pas donner un coup de marteau de trop pour le faire descendre plus bas que le niveau général du carrelage. Si cet iconvénient se présentait et si le carreau que l'on veut poser descendait plus bas que ceux qui sont déjà fixés, on le ferait remonter en frappant avec le bout du manche du marteau de pose au-devant du carreau et sur le béton, pour faire soulever ce dernier. Toutefois si le faux-niveau était trop considérable ou si le carreau ne remontait pas facilement, le plus simple serait de l'enlever et de mettre un peu plus de mortier pour le fixer de nouveau.

6° POSE DES BORDURES

OU FRISES, FOYÈRES DE CHEMINÉES, EMBRASURES

DES FENÊTRES OU PORTES, ETC.

Nous avons déjà dit que lorsqu'on posait un carrelage il suffisait de partir du milieu de l'appartement, en s'élargissant jusqu'aux murs pour arriver régulièrement, quelle que fût la forme des carreaux et la combinaison du dessin ; mais si ce carrelage comporte une bordure, il peut se présenter des difficultés qu'il est parfois difficile de résoudre et qui mettent souvent le poseur dans la nécessité de supprimer cette bordure.

Si nous voulions faire l'énumération de tous les cas qui peuvent se présenter, notre traité prendrait des proportions qui s'éloigneraient de beaucoup de notre programme et nécessiteraient un nombre infini de dessins, car les inconvénients qui attendent le poseur sont complexes et dépendent tout à la fois du genre et de la dimension de la frise ou bordure, du dessin du carrelage qu'elle encadre, du plus ou moins de régularité de l'appartement qui doit recevoir le dallage, de la position et de la dimension de la cheminée, de l'embrasure des fenêtres, du côté où la porte se trouve placée, etc, etc... Si c'est un corridor ou une cage d'escalier les difficultés dépendent surtout de la position des portes, du départ de l'escalier, de la forme de la marche palière, etc, etc...

Le premier soin que doit avoir le poseur en entrant dans un appartement est de s'assurer si les deux murs opposés sont parallèles et les angles droits, c'est-à-dire si la forme de l'appartement est un carré ou un parallélogramme régulier. Dans ce cas la pose de la bordure n'offre aucune difficulté : on peut la rapprocher plus ou moins des murs selon l'exigence du dessin et des objets qui doivent garnir cet appartement. Il est évident en effet que si le dallage est pour une salle de bibliothèque et que le pourtour soit garni de meubles, il serait ridicule de poser une frise qui se trouverait ensuite sous des placards.

La distance de la bordure au mur est subordonnée au dessin qui doit autant que possible présenter le même motif aux quatre angles.

Si le dessin est simple, comme le damier par exemple, on pourra augmenter ou diminuer la dimension de ce dessin d'un carreau seulement. Or, comme la diagonale du carreau de 20 centimètres est 28, on pourra, dans la pose d'un carrelage de cette dimension, obtenir une arrière-bordure ou remplissage qui aura moins de 14 centimètres, puisque le vide se partage de chaque côté des murs et que si l'on avait 14 centimètres de chaque côté l'on aurait une largeur totale de 28 centimètres, c'est-à-dire le large de poser un carreau de plus.

Mais il y a des dessins qui se répètent par série de 2, 3, 4, 5, etc., carreaux. Il sera nécessaire alors que le nombre de carreaux posés sur la longueur et la largeur soit divisible par 2, 3, 4, 5, etc., carreaux et par suite que la bordure s'éloigne plus ou moins du mur.

Nous allons donner quelques exemples qui feront mieux comprendre ce que nous venons de dire.

Le dessin n° 510, formé par l'assemblage de quatre carreaux semblables, opposés deux à deux, c'est-à-dire mis en opposition, donnera toujours le même motif dans l'angle de la bordure pourvu qu'on pose un nombre pair de carreaux.

La fig. 7. représente un carrelage de 6 carreaux sur la largeur et 8 carreaux sur la longueur. Or, si l'on n'avait posé que 5 carreaux d'un côté

Fig. 7.

Dessin N° 510 de l'Album.

Fig. 8.

Dessin N° 350 de l'Album.

et 7 de l'autre on aurait deux angles se terminant par un fond granit, tandis que les deux autres auraient une portion de la fleur qui forme le dessin et la symétrie n'existerait pas.

Le n° 350 formant dessin par l'assemblage de deux carreaux différents, le nombre de carreaux posés en largeur et en longueur devra être divisible par 2 *plus un carreau*, c'est-à-dire qu'on devra poser un nombre impair pour obtenir un carreau noir à chaque angle (fig. 8).

Nous disons *plus un carreau*, car si l'on se contentait de terminer la ligne avec la série, on aurait d'un côté un carreau à fleur et de l'autre un carreau noir. Ce cas se présente souvent dans les dessins qui commemcent dans l'angle par un carreau entier. Dans le dessins posés en diagonale cela n'a pas lieu, car les demi-carreaux qui manquent aux extrémités représentent le carreau qu'il faudrait mettre en plus.

Le n° 505 se composant d'une série de 3 carreaux, le nombre des carreaux qui toucheront la bordure devra être divisible par 3, car si, dans la fig. 9 ci-contre, le carrelage n'avait que 5 carreaux sur la largeur on aurait un angle avec la rosace noire n° 242 de la feuille spécimen, tandis que l'autre angle présenterait le filet n° 501, ce qui serait disgracieux.

En un mot les appartements n'étant jamais construits pour le carrelage, il est évident que le poseur rencontrera toujours un excédant de mesure qui l'obligera d'avoir un vide plus ou moins grand, entre la bordure et le mur, et ce vide sera commandé par la nature du dessin qui sera choisi par le Client.

Il y a plusieurs moyens de remplir le vide entre la bordure et le mur.

On peut augmenter la largeur de la bordure, si le dessin de cette bordure et les dimensions de l'appartement le permettent, soit avec la bordure elle-même que l'on double, soit avec un autre bordure assortie, soit enfin avec une ou plusieurs des frises de 10 centimètres de largeur n° 81, 83, 84, 85, etc. qui se trouvent sur la feuille spécimen. Mais il ne faut pas perdre de vue que la largeur de la bordure devra aussi s'harmoniser avec la dimension de l'appartement : une bordure de 0ᵐ 60 centim. serait mal placée dans un corridor de 2 mètres de largeur.

Fig. 9.

Dessin N° 505 de l'Album.

Si la bordure est suffisamment large et que le remplissage
soit en moyenne de 20 à 30 centimètres, on le garnit avec des
carreaux blancs qui font détacher la frise et le dallage général en lui donnant l'apparence d'un grand tapis. Le remplissage en granit serait préférable si l'ensemble du carralage
était de couleur claire.

Quelquefois le vide entre la bordure et le mur est très-
considérable et va jusqu'à 60 et 80 centimètres de largeur.
On pose alors un carreau blanc entier de 20 centimètres tout
autour de la bordure et on garnit ce qui reste, jusqu'au mur,
avec des carreaux granits ou marbres. Dans ce cas il faut
toujours s'abstenir de poser des carreaux noirs, comme nous
l'avons vu faire souvent: le noir uni écrase le dessin principal
et ne s'harmonise que très-rarement, pour ne pas dire jamais,
avec les soubassements et la tapisserie où les peintures
murales.

Lorsque les murs d'un appartement ne sont pas parallèles,
la pose devient beaucoup plus difficile, si le dessin comporte
une bordure. Dans ce cas après avoir fait son compartiment,
comme nous l'avons dit précédemment, le poseur devra se
rendre compte de la position qu'occupera la cheminée par
rapport au dallage et s'arranger pour qu'elle se présente le
plus parallèlement possible avec la bordure, car cette partie
de l'appartement devant toujours rester en évidence, l'irrégularité y est beaucoup plus apparente.

Si la cheminée est adossée au mur qui forme l'irrégularité
et que la bordure ne doive pas se trouver parallèle avec
la cheminée, il est préférable d'arrêter la bordure sur les à-
côtés de la cheminée et de ne pas faire un retour de bordure
pour former une foyère. Il en est de même lorsque la bordure

est trop large et qu'un retour régulier entrerait trop en avant dans le carrelage qui forme le dessin principal.

Règle générale, lorsque la bordure a plus de 20 centimètres nous la laissons toujours se perdre sur les à-côtés de la cheminée, à moins que le dallage soit posé dans une grande pièce, et, si nous plaçons une foyère, nous posons un simple rang de carreaux granit gris n° 478 ou marche n° 344 (1), que nous entourons de la frise noire n° 81 ayant 0 m. 10 c. de largeur. Dans ce cas, le dessin de la foyère est tout-à-fait indépendant de celui du dallage général sur lequel elle semble reposer. Sa largeur sur ce dallage et en avant de la cheminée est de 30 ou 50 centimètres et sa longueur celle de la cheminée elle-même. Ce moyen de placer la foyère a l'immense avantage de permettre une pose toujours régulière, quelle que soit la dimension de la cheminée, puisque les carreaux granits ou marbres peuvent se couper sans que le dessin soit interrompu, ce qui n'a pas lieu avec les frises mosaïques qui ne peuvent avoir qu'une longueur divisible par 20 centimètres sous peine de voir tronquer plus ou moins le dessin.

Après s'être assuré de la position de la cheminée eu égard au dallage, le poseur examinera de quelle manière la bordure devra se présenter contre la porte d'entrée et si le faux équerre était trop ridicule on ferait son possible pour y remédier. De deux maux il faut choisir le moindre, dit le proverbe. Nous pouvons en dire autant dans cette circonstance, car il n'est pas toujours facile de concilier l'irrégularité de la porte d'entrée avec celle de la cheminée et ici surtout un peu de pratique et le bon goût sont préférables au traité le plus complet.

---

(1) Voir la feuille spécimen qui est à la fin de ce traité.

Nous avons expliqué précédemment que la nature du dessin du carrelage imposait quelquefois à l'ouvrier une longueur déterminée, selon que les séries de ce dessin étaient de 1, 2, 3, 4, etc... carreaux. Il est donc important, lorsque les dimensions du dallage principal sont arrêtées, de s'assurer si la bordure choisie pourra se poser sans faire un faux raccord.

Si le carrelage doit se placer carrément, comme cela a lieu pour les nᵒˢ 446, 448, 458, 460, 461, 462, 465, 475, 476, 510 et 511 de notre feuille spécimen, la pose de la bordure n'offre aucune difficulté, puisque les bords formés par l'un quelconque de ces carrelages seront toujours divisibles par 20 centimètres et que, quelle que soit la bordure choisie, l'angle arrivera toujours régulièrement, sans que l'ouvrier soit obligé de couper plus ou moins sur la longueur des carreaux de frise.

Le poseur devra cependant compter d'avance le nombre de carreaux qui seront posés pour chaque longueur de bordure, afin de s'assurer s'il doit y avoir un raccord au milieu ou si la frise se continue régulièrement d'un angle à l'autre. Certains ouvriers font ce décompte d'une manière on ne peut plus pratique en posant leur bordure à sec, et nous sommes loin de blâmer cet excès de précaution.

Qu'il s'agisse, par exemple, de poser pour bordure le nᵒ 550 de la feuille spécimen et l'on remarquera que cette frise ne peut se poser régulièrement d'un angle à l'autre de la bordure que dans le cas où le nombre des carreaux serait *impair*, puisque les extrémités CC (fig. 10). qui arrivent contre le carreau qui forme le coin ou angle doivent se présenter toujours dans le même sens. Si le nombre de

Fig. 10.

B

Dessin N° 550 de l'Album.

carreaux est au contraire un nombre *pair*, il y aura une solution de continuité dans la direction du dessin et dans ce cas le poseur devra placer le raccord B à égale distance des deux angles.

Les frises n°s 501, 509, 520, 538, 539, 540, 543, 546 et 549 ne donnent lieu à aucune observation particulière, attendu que le raccord existe toujours, que le nombre de carreaux de la bordure soit pair ou impair. Mais les frises n°s 530 et 531 ayant un carreau de frise dont le motif du dessin tourne à droite, tandis que l'autre tourne à gauche, le raccord A (fig. 11) ne pourra se faire à une égale distance des deux carreaux de coin, c'est-à-dire de l'angle de la bordure, que tout autant que le nombre des carreaux de cette bordure sera pair. Si ce nombre est impair, le raccord exigera un carreau de plus d'un côté que de l'autre, mais comme la différence de position ne sera en moyenne que de 10 centimètres, on pourra sans difficulté en agir ainsi, pour éviter un raccord défectueux des deux carreaux qui forment le point de rencontre. Une seule observation à faire est de combiner le raccord pour le faire arriver, autant que faire se peut, vis-à-vis le milieu d'une fenêtre ou d'une porte, car il est rare que ces ouvertures soient toujours mathématiquement au milieu du mur de l'appartement.

Lorsqu'un carrelage est disposé en diagonale, la pose de la bordure offre beaucoup plus de difficultés, et il est parfois impossible de la placer, sans faire une solution de continuité qui est toujours plus ou moins disgracieuse. Cela tient aux dimensions qui résultent de la pose en diagonale qui ne permet d'obtenir sur les bords du carrelage, qu'une longueur divisible par 28 centimètres, puisque la diagonale d'un carreau de 20 centimètres de côté est 28. Or, comme nos frises sont toutes faites sur des carreaux de 20 centimètres, il y aura, 9 fois sur 10, un rompu qui variera de 1 à 19 centimètres. Dans la pose d'un carrelage en diagonale l'accord parfait ne peut exister entre la bordure et le carrelage, que dans le seul cas où ce dernier porte une longueur divisible par 1 m. 40 c., c'est-à-dire pour toute longueur ayant 20 et 28 pour commun diviseur.

Si la différence entre la longueur de la bordure et celle du carrelage n'est que de 2 ou 3 centimètres en plus du côté de la bordure et que la nature du dessin des carreaux de frise permette de rogner *un centimètre* à 2 ou 3 carreaux, sans que le faux raccord soit trop apparent, le mal est facile à guérir ; mais si la différence est trop grande et que le raccord ne soit pas possible, il n'y a qu'à accepter la chose telle qu'elle se présente ou à changer le dessin de la bordure. Dans le premier cas, on dissimule autant que possible le raccord défectueux en le posant dans l'endroit où doit se trouver un meuble, un canapé, etc., etc.

Nous faisons les mêmes observations qui précèdent pour un carrelage de forme hexagone ou octogone et en un mot pour tout carrelage qui ne donnerait pas sur les bords une ligne divisible par 20 centimètres.

Règle générale, dans les carrelages disposés en diagonale ou dans les carrelages hexagones ou octogones, il est préférable d'employer une bordure droite dans le genre des n°ˢ 501 et 509, ou l'une des petites frises n°ˢ 81, 83, 85, 87, 88 et 94. Si l'on désire une bordure plus forte on peut même employer un carreau noir uni de 20 centimètres, un carreau marbre (n°ˢ 344 et 345) ou un carreau granit (n°ˢ 477 et 478) auquel on peut adjoindre encore une des petites frises n°ˢ 84, 95, 86, 89 ou 95, pour former un filet d'encadrement. Lorsque l'appartement est vaste, on peut facilement former ainsi une bordure de 40 centimètres de largeur, qui est très gracieuse, en plaçant un carreau marbre ou granit entre deux carreaux de la petite frise n° 84. La partie noire de cette frise forme l'extérieur de la bordure et le côté blanc forme un double filet qui encadre le carreau de 20 centimètres marbre ou granit. On trouvera dans notre album général de nombreux exemples de ces bordures composées ; mais le bon goût de MM. les Architectes leur fera trouver des combinaisons à l'infini.

Dans les carrelages dont la longueur des bords est variable et ne permet pas d'employer régulièrement une bordure formée avec des carreaux de 20 centimètres, on peut encore poser le n° 530 ou le n° 531, attendu que le dessin de ces deux frises nécessite l'emploi de deux carreaux, l'un portant le dessin tourné à droite et l'autre à gauche : or, ces deux séries de carreaux partant chacune du carreau qui forme le coin de la bordure, pour se rencontrer au milieu de cette même bordure, forment toujours un raccord régulier, quoi-

Fig. 11.   **Fig. 12.**

que plus ou moins tronqué. Les lettres AA représentent le raccord formé par le dessin des frises n° 530 ou 531 ; la fig. 11, montre le dessin régulier, c'est-à-dire le carreau employé dans son entier et la fig. 12 un raccord dans lequel il a fallu couper 5 centi-mètres à chaque carreau de droite et de gauche, pour raccour-cir la bordure générale de 10 centimètres.

Il en serait de même pour les n°ˢ 543, 546 et 549, si nous avions fabriqué ces dessins avec des carreaux à droite et à gau-che ; mais le raccord n'étant acceptable dans cette hypothèse que tout autant qu'on n'atteindrait pas la volute blanche et par suite ne pouvant l'utiliser que pour une coupure qui ne dépasserait pas 3 à 4 centimètres sur chaque carreau, nous n'avons pas cru devoir créer une série de plus pour n'obtenir qu'un résultat de si peu d'importance.

Si le contre-cœur des fenêtres est assez large, on peut y poser un petit dessin avec une frise de 0 m. 10. c. Générale-ment cette frise ne se pose que sur le devant et se perd sur les côtés qui sont toujours évasés. Si le contre-cœur au contraire est étroit, on ne s'en occupe pas et on y pose les carreaux qui servent au remplissage.

Lorsqu'il s'agit du dallage d'un corridor ou d'un vestibule, le point principal à observer est l'axe, c'est-à-dire que le dessin qui est au milieu doit suivre une ligne droite jusqu'au bout du corridor, sans se perdre ni à droite ni à gauche. On doit tout sacrifier pour arriver à ce résultat, et le biais de la porte. d'entrée, quel qu'il soit, ne doit jamais servir pour régler le point de départ.

Dans une cage d'escalier la bordure doit se perdre contre la marche palière, avec d'autant plus de raison que cette marche est plus longue que les autres et son extrémité taillée en forme de volute, pour porter le pilastre de la rampe. Or, il serait impossible d'en suivre les contours avec la frise, et le dallage serait ridicule.

Il arrive quelquefois que le vestibule et la cage d'escaliers forment deux parties bien distinctes, séparées par un arceau portant pilastre qui bien souvent reçoit une porte vitrée. Dans ce cas on peut faire un panneau d'un pilastre à l'autre et poser deux dessins différents, un dans le vestibule, l'autre dans la cage d'escalier. Par ce moyen, si l'une des deux parties qu'il s'agit de carreler est irrégulière on peut y supprimer la bordure.

7ᵃ MÉTHODE A SUIVRE

POUR CONNAÎTRE LE DÉCOMPTE D'UN CARRELAGE.

Pour résumer et compléter ce qui a été dit dans l'art. **6** qui précède et nous faire mieux comprendre, en procédant en quelque sorte d'une manière pratique, nous allons prendre pour exemple le carrelage d'un appartement et celui d'un corridor, et poser ainsi deux problèmes que nous résoudrons avec le lecteur.

I. PROBLÈME

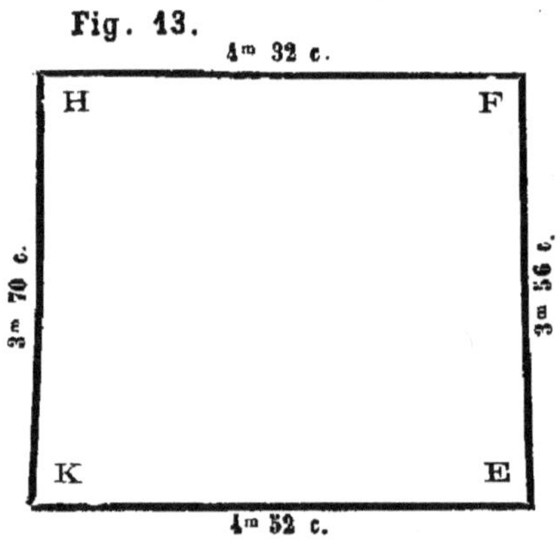

Étant donné un appartement de forme irrégulière (fig. 13) mesurant 4ᵐ 52 et 4ᵐ 32 sur la longueur, 3ᵐ 70 et 3ᵐ 56 sur la largeur et dans lequel on désire poser le dessin n° 508, disposé en diagonale, avec la bordure composée des n°ˢ 531, 85 et 81, trouver le nombre de carreaux nécessaires pour cette pose, et la disposition la plus convenable pour la bordure.

Il est évident que le dessin formé par le carrelage n° 508, encadré de bordure demandée ne peut pas être plus grand que les côtés les plus courts de l'appartement et que la question se résume à carreler une superficie de 4 m. 32 c. sur 3 m. 56 c., l'irrégularité devant se perdre dans l'arrière bordure. Or, ces dimensions étant données, on commence d'abord par se rendre compte de la largeur de la bordure que l'on doit employer, afin de la déduire du dallage principal et on cherche ensuite la quantité de carreaux qu'il faut à ce dallage pour former un ensemble régulier et obtenir des angles symétriques.

La bordure composée nos 531, 85 et 81 doit avoir 0 m. 40 c. de largeur, puisqu'elle se compose d'un carreau de 20 c. (n° 531) et de deux frises de 10 c. de largeur sur 20 de longueur (nos 85 et 81). D'autre part, le n° 508 étant semblable au n° 505 (fig. 9) dont il ne diffère que par la rosace, n° 243, qui est rouge, au lieu d'être noire comme le n° 242, nous savons déjà qu'il faudra poser un nombre de carreaux divisible par 3 pour obtenir un carreau de même dessin à chacun des quatre angles. (1) Mais dans ce problème proposé, le client désire que la pose soit faite en diagonale ; or, la diagonale d'un carreau de 20 centimètres étant de 28 centimètres, il faudra donc que la longueur de ce carrelage soit divisible par 3×0,28, c'est-à-dire par 0 m. 84 c. Ces données étant trouvées, on opère alors sur la largeur et sur la longueur de l'appartement en posant les chiffres comme il suit :

	Petit côté E F.	Grand côté K H.
LARGEUR.	3m 56	3m 70
On déduit d'abord la bordure (40 + 40)............	» 80	» 80
Et il reste......	2 76 et	2 90

---

(1) Voir page 39.

4

Report.....	2	76	et	2	90

On cherche ensuite com-
bien de fois le petit côté 2.76
est divisible par 84, *sans frac-
tion*, et on trouve 3, c'est-à-dire
que sur la largeur de l'appartement proposé, on aura
3 fois une série de 3 carreaux, posés en diagonale,
soit 9 carreaux qui multipliés
par 28 centimètres donnent
une dimension de........ 2 52 | 2 52

Il reste encore....... 0ᵐ 24 et 0 38

c'est-à-dire que du côté le plus étroit de l'appartement, on
aura entre la frise et le mur un vide de 0 m. 24 c. qu'il faudra
repartir de chaque côté, en donnant 12 centimètres en E, dans
le sens E K et 12 centimètres en F, dans le sens F H. Du côté
le plus large l'excédant étant de 0 m. 38 c., il y aura une arrière
bordure de 19 centimètres en K et autant en H. En d'autres
termes, les arrières bordures H F et K E formeront une bande
de carrelage qui aura 0 m. 19 c. d'un côté et 12 c. de l'autre..

Petit côté H F. Grand côté K E.

	Petit côté H F		Grand côté K E
Longueur.	4ᵐ 32		4 52
A déduire la bordure..	0 80		0 80
Reste.....	3 52	et	3 72

Or, si nous cherchons le
résultat de la division du plus
petit côté 3.52 par 0 m. 84 c.,
sans fractions, nous trouvons

A reporter.....	3 52	et	3 72

Report.....	3 52 et	3 72

4, c'est-à-dire qu'on aura 4
séries de 3 carreaux, soit 12
carreaux qui multipliés par
0 m. 28 c. donnent........   3 36   3 36

de sorte qu'il reste un excéd[t].   0^m 26   et   0 36

qui indique les dimensions de l'arrière bordure. En d'autres termes, le vide sera de 0 m. 26 c., soit 0 m. 13 c. de chaque côté de l'appartement en F et en H, tandis qu'il sera de 0 m. 36 c., soit 0 m. 18 c. de chaque côté en E en K, de sorte que les arrières bordures F E et H K formeront une bande de carrelage qui aura 13 c. d'un bout et 18 c. de l'autre.

Pour remplir les vides laissés entre la bordure et le mur, il faut prendre des carreaux de 20 centimètres que l'on coupe l'un après l'autre, selon le biais du mur, et au fur et à mesure des besoins de la pose. Ce travail est du reste d'autant plus facile que la cassure du carreau n'exige pas un soin particulier, puisque le côté cassé doit se placer contre le mur et que généralement la pose des stylobates ou plinthes cache toujours l'imperfection du joint.

Lorsque nous expédions un carrelage sur des mesures fixes, nous comptons toujours l'arrière bordure qui dépasse 10 centimètres comme s'il fallait le carreau de 20 centimètres en entier, puisque après avoir pris 0 m. 11 c. à un carreau, le morceau de 9 centimètres qui reste ne peut pas s'utiliser.

Les opérations qui précèdent nous donnent la dimension de carrelage nº 508 et celle de l'arrière bordure ; mais elles ne nous indiquent pas si la bordure peut se poser régulièrement ; car il ne faut pas perdre de vue que les côtés du carrelage sont de 2 m. 52 c. sur 3 m. 36 c. et que la frise nº 531 ne peut border régulièrement qu'une longueur divi-

sible par 20 centimètres, comme nous l'avons déjà expliqué,
page 44. Il faut donc faire encore l'opération suivante :

La largeur du carrelage étant................ 2ᵐ 52
exige que la frise soit de la même dimension.
D'autre part, pour que la bordure nᵒ 531 soit régulière, il faut poser un nombre pair de carreaux
de frise ; mais 14 carreaux nous donnent 2 m.
80 c., plus grand que 2 m. 52 c., il ne faut donc
poser que 12 carreaux entiers, soit :

6 carreaux de frise *de droite*....   1ᵐ 20
et 6 carreaux de frise *de gauche*....   1   20
                                        ──────
                                        2ᵐ 40   2   40
                                                    ──────
ce qui nous donne un excédant de............   0ᵐ 12

Les deux carreaux qui doivent former le raccord n'auraient
donc que 6 centimètres chacun, ce qui ne permettrait pas de
faire un raccord convenable. Dans ce cas, le poseur intelli-
gent doit tourner la difficulté, c'est-à-dire que ne faisant pas
le joint du raccord au milieu de la bordure, à égale distance
des coins, il doit poser :

5 carreaux entiers d'un côté, ce qui donne..   1ᵐ »
6   id.   de l'autre côté..........   1   20
et donner 0 m. 16 c. aux 2 carreaux de raccord..   »   32

Ce qui complète la dimension..............   2ᵐ 52
qui est celle que doit avoir la bordure sur la largeur du
carrelage. Par ce moyen, le raccord sera semblable à celui
de la fig. 12, comme on peut le voir encore dans la bordure
de la fig. 14, sur les côtés E F et K H de l'appartement,
vis-à-vis les fenêtres S et N.

Si l'on a bien compris ce qui précède, il est facile de faire le décompte de la bordure dans l'autre sens de l'appartement.

Nous avons en longueur..................... 3ᵐ 36

Or, 16 carreaux de frise donnent.......... 3 20

Il reste donc un excédant de............... 0ᵐ 16

c'est-à-dre 8 centimètres par chaque carreau de raccord, ce qui peut donner une figure régulière comme on peut encore le voir fig. 14, sur la bordure qui est du côté de la porte P.

En posant le problème du carrelage d'un appartement dont les dimensions sont indiquées fig. 13, on remarque que nous n'avons pas parlé des embrasures de la porte et des fenêtres, ni de la superficie occupée par la cheminée. C'est qu'en effet, ces surfaces sont presque insignifiantes dans un décompte général et que nous n'avons pas voulu embrouiller le lecteur dans des chiffres. Pour ce qui est de la cheminée, il est toujours bon de la négliger dans la demande d'un carrelage, car elle occupe à peine 40 centimètres carrés, et il faut toujours demander quelques carreaux en plus, en cas de casse. Les embrasures, au contraire, demandent un excédant de carreaux, mais comme cette partie de carrelage se fait ordinairement avec les carreaux qui servent à la pose de l'arrière bordure ou remplissage, en faisant le décompte on grossit d'autant la demande des carreaux de l'arrière bordure.

La fig. 14 donne la solution du problème que nous avons posé, et pour que cette solution soit complète, nous avons ajouté à notre dessin le dallage qui forme la foyère de la cheminée et les embrasures.

La foyère R est posée en carreaux granit gris n° 478, encadrés dans une simple bordure noire de 10 centimètres n° 81. Ce mode de carrelage permet toujours comme nous l'avons dit déjà de couper régulièrement dans le dessin principal. On n'a pas poussé le granit jusqu'au fond du foyer, car cette partie étant ordinairement recouverte d'une plaque en fonte, il suffit d'y poser des carreaux blancs.

La petite frise noire n⁰ 81 qui encadre la foyère R de la fig. 14, vient se terminer contre les montants de la cheminée ; mais on aurait pu tout aussi bien agrandir cette foyère de 0^m 10 cent. de chaque côté, pour que la frise n⁰ 81 pût faire le tour de la cheminée, jusqu'à la rencontre de la frise n⁰ 85, formant la partie extérieure de la bordure générale.

Le seuil de la porte P est carrelé avec des carreaux granits, sans bordure noire ; mais on aurait pu ne poser que des carreaux blancs, comme aussi faire un encadrement noir de 10 centimètres avec un carreau granit au milieu.

Nous avons supposé, dans notre dessin fig. 14, l'embrasure de la fenêtre N, beaucoup plus petite que celle de la fenêtre S, afin de pouvoir montrer les deux moyens qu'il convient d'employer pour carreler cette partie d'un appartement ; mais nous ferons observer qu'il faut autant que possible poser le même carrelage dans l'embrasure de la porte et celle des fenêtres. On doit donc carreler les embrasures d'un même appartement avec des carreaux blancs comme à la fenêtre N, ou avec des granits comme à la porte P, ou avec un dessin mosaïque quelconque comme nous l'avons fait dans l'embrasure de la fenêtre S.

Nous ferons remarquer encore qu'au lieu de poser le remplissage avec des carreaux blancs, on aurait pu le faire tout en granit ou en marbre, en employant pour cela l'un des modèles n⁰ˢ 344, 345, 477 ou 478.

Jusqu'ici, nous n'avons étudié la solution du problème que nous avons posé qu'au point de vue du décompte des carreaux nécessaires à la pose ; mais l'énoncé portant que *l'appartement est de forme irrégulière*, il nous reste encore à

Modèle d'un carrelage avec bordure dans un appartement
de forme irrégulière

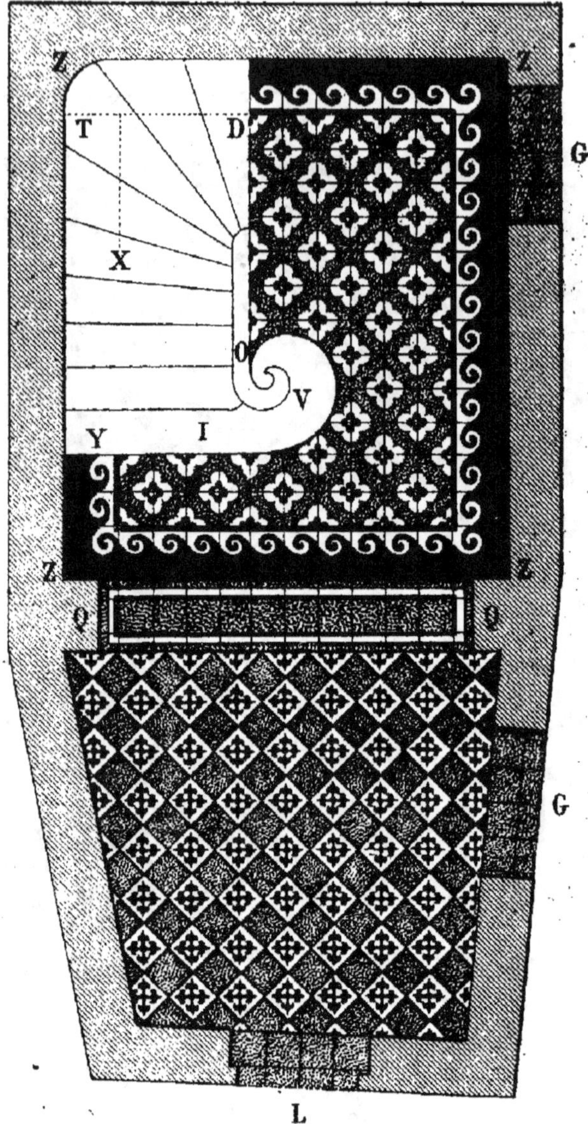

Modèle d'un carrelage pour vestibule
et cage d'escalier

examiner le moyen le plus convenable ou plutôt le moyen pratique de poser un retangle dans un appartement qui est biais. Il va sans dire toutefois que si l'irrégularité est trop grande, la pose d'une bordure n'est pas possible et que le meilleur est de laisser perdre le carrelage contre les murs de l'appartement. Une bordure, en effet, ne pourrait dans ce cas que choquer l'œil et faire paraître l'irrégularité plus grande encore. Mais une irrégularité de 20 centimètres, lorsque les angles sont à peu près d'*équerre*, c'est-à-dire se rapprochant d'un angle droit, peut très bien accepter une bordure, sans que cette irrégularité soit apparente.

Ce qui nous reste à dire regarde tout spécialement le poseur : c'est donc à lui que nous nous adressons.

Si l'on a bien compris ce qui précède, on peut voir que la surface rectangulaire formée par le carrelage n° 508 et la bordure composée n°ˢ 531, 85 et 81 mesurera 4 m. 16 (3 m. 36 + 0. 80) sur 3 m. 32 c. (2 m. 52 + 0.80). L'ouvrier devra donc, avant de commencer la pose, arrêter définitivement la position de ce rectangle. Pour cela, il se basera d'abord sur la direction de la cheminée, pour qu'elle se présente carrément sur le dessin du dallage et il tirera une ligne droite du côté H F de l'appartement (fig. 14), qui devra marquer le bord extérieur de la bordure. Cette première ligne doit être placée approximativement à 15 centimètres du mur, puisque nous avons vu précédemment que sur la longueur de l'appartement en H F et K E (fig. 13), la bordure sera éloignée du mur de 12 centimètres d'un côté et de 18 centimètres de l'autre ; or, en prenant la moyenne, on se rapproche de la vérité. Il tirera ensuite une seconde ligne, parallèle à la première du côté K E et distante de la ligne tracée en H F de 3 m. 32 c. ; le vide qui restera

entre chacune de ces deux lignes et le mur sera l'arrière-
bordure, qu'on devra égaliser autant que possible, en rapprochant ou éloignant du mur la première ligne, si le champ
n'était pas à peu près égal.

Il recommencera ensuite l'opération du côté opposé, c'est-
à-dire qu'il tirera une troisième ligne du côté K H, perpen-
diculaire aux deux premières, en se basant pour l'éloigne-
ment du mur sur le vide de l'arrière bordure trouvé au
décompte, et, à une distance de 4 m. 16 c., il tracera une
quatrième ligne qui formera le parallélogramme demandé.

Il est facile de comprendre que si à l'inspection de ce tracé
provisoire l'ouvrier s'aperçoit que le parallélogramme se
présente mal dans la pièce qu'il s'agit de carreler et que,
par exemple, l'un des angles touche le mur quand l'autre en
est à plus de 20 centimètres, il suffira de modifier légèrement
la direction de la première ligne tracée en H F pour amener
les autres dans une position normale. Ce travail est une
affaire de goût et notre rôle doit se borner à indiquer le
procédé théorique, laissant à chacun le soin de le mettre en
pratique de la manière la plus convenable.

II. PROBLÈME.

*Trouver le moyen le plus convenable de poser un dallage
dans un vestibule ou corridor de forme irrégulière et dans
une cage d'escalier.*

Nous croyons qu'il est inutile de recommencer encore et
avec autant de détail, toutes les opérations qui ont fait l'objet

du premier problème ; nous supposons donc la question ré-
solue d'avance dans le carrelage que nous représentons
fig. 15, et nous nous contenterons de faire sur ce travail
toutes les observations qui peuvent être de nature à éclairer
et guider nos clients en pareille circonstance.

La cage d'escalier Z Z Z Z étant de forme régulière, le
dallage peut se poser tout naturellement avec ou sans bordure.
Si nous avons choisi le n° 511 dans le modèle que nous
offrons, c'est que le sol qui doit recevoir le carrelage mesure
2 m. 60 c. sur 3 m. et que dans ce cas la bordure et le dessin
lui-même remplissent exactement une superficie divisible
par 20 centimètres ; mais nous aurions pu poser à la place de
ce numéro tout autre dessin ; même un dessin placé en diagonale : on en aurait été quitte pour modifier la bordure, si
le cas l'avait exigé et pour poser une arrière bordure ou remplissage plus ou moins large. Toutefois, nous recommandons
tout spécialement d'éviter en pareille circonstance les arrières bordures trop larges, afin que la bordure ou frise qui
vient se perdre contre la *marche palière* I, en un point Y, se
rapproche du mur le plus possible.

Nous avons également choisi une bordure composée des
n°ˢ 543 et 58, pour avoir 0 m. 60 c. en bordure, 0ᵐ 30 cent. de
chaque côté, et ne laisser que 2 mètres au dallage. Sans cette
précaution, c'est-à-dire en n'employant que la frise n° 543 qui
n'aurait donné que 0 m. 40 c. de bordure, il serait resté 2 m.
20 c. pour le dessin n° 511, ce qui aurait exigé 11 carreaux
sur la largeur : or, nous avons déjà vu, page 37 que le dessin
n° 510, qui est de même nature que le n° 511, exigeait un
nombre pair de carreaux pour obtenir des angles symétriques ; il est donc de toute rigueur de supprimer un
carreau du dallage et d'augmenter la bordure d'autant.

Les deux carreaux de la petite frise n° 85, n'ayant que 10 centimètres chacun, sont de nature à remplir convenablement ce but.

Il nous arrive souvent des commandes dans lesquelles le client désire que la bordure suive tous les contours formés par les murs et les objets saillants de toute nature qui se trouvent à l'endroit qu'il se propose de carreler. Nous sommes obligés de répondre 9 fois sur 10 que la demande qui nous est faite n'est pas pratique. Il suffit, par exemple, de jeter un coup d'œil sur le dallage de la fig. 15, pour être convaincu que la bordure n° 543 ne peut suivre tous les contours de la volute V de la marche-palière I, et que d'ailleurs, une pareille pose, serait presque ridicule. Généralement, il est préférable de faire perdre la bordure contre la première marche et de faire la pose comme si l'escalier devait reposer sur le dallage.

Si les marches sont suspendues, le poseur n'a qu'à continuer la pose sous l'escalier au point D, et la bordure suivra toujours le mur, selon la ligne pointée D T ou D T X, en se conformant à la surface qui doit recevoir le carrelage. Si le dessous de l'escalier n'est au contraire utilisé que pour un placard ou une dépense, la bordure devra se terminer quand même en D, quoiqu'il soit possible de la continuer jusqu'à la rencontre de la volute en suivant le mur DO, car ce retour rendrait ridicule le côté Y, de la bordure qui se termine sur l'autre bout de la marche palière. En d'autres termes la bordure d'un dallage posé dans une cage d'escalier doit toujours être placé comme si l'escalier avait été monté après la pose de ce dallage.

Si une ou plusieurs portes de service G G, viennent s'ouvrir sur le corridor ou la cage d'escalier, on ne s'en préoccupe pas et l'on pose l'embrasure de ces portes avec des carreaux blancs ou granits.

Dans la fig. 15 nous avons posé deux carrelages différents : le n° 511 pour la cage d'escalier et le n° 491 pour le corridor ; mais il va sans dire que cet exemple que nous donnons pour faire connaître tout le parti qu'on peut tirer de nos carrelages ne doit pas toujours être pris pour modèle. On aurait fort bien pu poser le même dessin dans les deux endroits et ne faire ainsi qu'un seul dallage ; mais alors nous devons faire observer qu'il aurait fallu supprimer la bordure à cause de l'irrégularité trop grande du corridor ou vestibule. Nous avns donc préféré poser deux dessins différents que nous avons séparés par le panneau qui rallie les deux piliers L L. D'ailleurs dans beaucoup de maisons le vestibule et la cage d'escalier forment deux parties bien distinctes, séparées le plus souvent par une porte grecque garnie de verres mousselines et colorés, et dans ce cas il n'y a pas d'inconvénients à poser deux dessins différents.

Le dessin du panneau qui sépare le carrelage du vestibule de celui de la cage d'escalier est formé par un granit rouge n° 477, entouré de la petite frise n° 94. Ordinairement nous formons ces panneaux en prenant pour encadrement la frise noire n° 81, ou l'une des frises mosaïques n° 83, 84 ou 85, mais ici le côté noir de ces diverses frises devant se juxtaposer contre le n° 85, qui complète la frise n° 543 pour former le dallage de la cage d'escalier, il en serait résulté une masse de noir par la confusion de ces divers carreaux, ce qui aurait produit un effet disgracieux. En prenant au contraire la petite frise n° 94 on obtient un double effet, car si d'une part le côté granit de ce carreau se détache très-bien de la bordure noire et forme une bordure naturelle pour les demi-fleurons rouges nᵒ 284 du corridor, d'autre part le petit filet rouge forme une ligne de bordure tout autour du granit rouge qui forme le fond du panneau et lui sert de cadre.

Nous n'avons pas d'observations spéciales à faire sur le dallage du corridor ou vestibule. Le dessin se perd tout naturellement contre les murs et chaque carreau est coupé en biais selon la coupe qui se présente à sa pose. Nous ferons remarquer seulement que nous n'avons pas pris la porte d'entrée L, comme point de départ de cette pose, et si, par la pensée ou graphiquement, on veut bien se rendre compte de l'effet produit par un dallage qui serait ainsi posé, on en reconnaîtra facilement le ridicule.

L'embrasure de la porte d'entrée L est carrelé avec des carreaux granit ; mais on aurait pu tout aussi bien continuer le dessin principal jusqu'à la porte même. On aurait pu faire également un petit panneau, si cette embrasure s'était présentée carrément contre le dallage, car le poseur ne doit jamais perdre de vue qu'il doit adoucir autant que possible ce qu'il y a d'irrégulier dans les parties du carrelage qui arrivent de biais, en posant dans ce cas un dessin qui n'ait rien de saillant.

8° SOINS A DONNER PENDANT LA POSE

Pendant la pose on doit avoir soin de tenir le dallage très-propre. A cet effet et avant de terminer sa journée, l'ouvrier poseur ne négligera jamais de laver tous les carreaux qui sont déjà posés de manière à ne laisser aucune parcelle de mortier ou de ciment sur la surface du carrelage. Un ou deux arrosoirs d'eau et un coup de balai suffisent ordinairement pour cette opération qui est d'autant·plus utile que l'arrosage retarde la prise du mortier de pose lorsque le temps est sec et chaud, et rend ainsi l'adhérence des carreaux avec le sol beaucoup plus solide.

Quand le travail est terminé on *abreuve* tout le dallage avec un lait de ciment (1) ou de mortier fin à la chaux hydraulique, afin de bien garnir les joints qui peuvent exister, malgré tous les soins du poseur, et l'on sèche en soupoudrant une surface de 2 ou 3 mètres carrés avec du ciment sec, que l'on promène ensuite sur toute la superficie du dallage, avec un bouchon de paille, un tampon de vieux linge ou tout simplement un mauvais essuie-main.

Lorsqu'il s'agit d'un carrelage d'une grande superficie, d'une Eglise par exemple, il ne faut pas attendre la fin du travail pour faire l'*abreuvage*. Il est nécessaire de faire cette opération dès qu'on a 3 ou 4 journées de pose, et ainsi de suite jusqu'à la fin du travail.

Une chose que nous recommandons sur toutes et très-sérieusement, c'est de tenir très-propre le travail déjà fait et de l'arroser souvent, car si le mortier ou le ciment qui sert à la pose se durcit sur la surface des carreaux, il est très-difficile ensuite de l'enlever lorsqu'il est sec. Nous avons vu des carrelages rester sales pendant plus d'un mois, malgré tous les soins qu'on avait pris d'enlever avec un râcloir le

---

(1) Le Portland-Lafarge, Le Portland-Anglais ou même le ciment Vicat à prise lente sont préférables pour cette opération.

mortier qui avait fait sa prise sur la surface des carreaux. Il est donc bien plus simple de jeter un ou deux arrosoirs d'eau en principe et de donner un coup de balai que de perdre ensuite plusieurs journées pour ne faire qu'un travail difficile et toujours incomplet.

CONCLUSION

—

Pour nous résumer et insister une fois de plus sur les conditions d'une bonne pose qui doit être à son tour la garantie d'un bon dallage nous dirons au poseur :

1° Régalez le béton de manière à ne laisser qu'une hauteur d'un demi-centimètre au moins ou d'un centimètre au plus entre le carreau et ce dernier ;

2° Faites tremper les carreaux dans l'eau pendant 10 minutes avant de les employer ;

3° Présentez le carreau avec les deux mains et bien d'aplomb de telle sorte que les côtés descendent en glissant perpendiculairement contre le côté correspondant des carreaux qui sont déjà posés, afin de ne pas faire des joints si c'est possible ;

4° Servez-vous pour fixer le carreau d'un mortier pas trop liquide : il suffit qu'il puisse facilement sortir par devant et du côté libre, lorsque vous frappez le carreau avec le manche du marteau pour le mettre en place et l'asseoir bien de niveau ;

5° Ne laissez pas séjourner le mortier ou le ciment sur la surface du carrelage jusqu'au lendemain ; mais à la fin de la journée arrosez tout ce qui est posé et enlevez la saleté avec un balai.

ENTRETIEN

Des Carrelages Lithoïdes Mosaïques, des Granits et Marbres Artificiels.

L'eau produisant le durcissement des matières hydrauliques qui composent nos carreaux, ces derniers se couvrent avec le temps d'un vernis inaltérable naturel qui a pour base l'hydrate de chaux et qui les rend plus durs et plus résistants que le marbre ordinaire : il est donc urgent de laver nos dallages le plus souvent possible.

L'eau claire est suffisante dans tous les cas, mais dans les premiers temps, c'est-à-dire pendant les deux ou trois premiers mois; nous recommandons l'eau de savon tous les 7 ou 8 jours et jusqu'à ce que les carreaux aient obtenu le brillant et la vivacité des couleurs qu'ils doivent toujours conserver.

. Pour faire l'eau de savon, il suffit de faire dissoudre 100 grammes de savon blanc dans 4 ou 5 litres d'eau. On met la dissolution dans un baquet ou dans un grand plat et, avec une brosse ou un pinceau, on l'étend bien sur tout le dallage et on laisse sécher. Pour faire cette opération d'une manière bien commode on prend une brosse à cirer les parquets que l'on emmanche au bout d'un bâton.

Quelques fois le savon étendu d'une manière inégale forme des tâches sur le dallage, mais il ne faut pas s'en inquiéter. Ces tâches disparaissent le lendemain au premier lavage à l'eau claire.

Lorsqu'on lave à l'eau claire on doit sécher immédiatement après avec de la sciure de bois. Un avantage de la sciure est d'entraîner avec elle l'eau de lavage qui a dissous les sels de chaux ; tandis que si l'eau s'évapore naturellement et sur la surface des carreaux ces sels se déposent sur le dallage et en ternissent les couleurs, jusqu'à ce qu'un nouveau lavage vienne dissoudre encore le carbonate de chaux.

L'eau suffit ordinairement pour l'entretien du dallage ; mais on peut aussi le cirer comme le marbre ou le passer à l'encaustique. Le meilleur procédé pour le cirage consiste à faire dissoudre de la cire blanche ou jaune au bain mari et de l'allonger avec un peu d'essence de thérébentine pour la rendre plus molle et plus facile à employer. Dans cet état on étend la cire avec un chiffon et on fait luire ensuite avec une brosse à cirage.

On peut encore donner un lustre qui fait ressortir et briller les couleurs du dallage, en le passant à l'huile de lin. Cette opération se fait de deux manières. Soit en passant au pinceau une légère couche d'huile de lin chaude qu'on laisse sécher pendant quelques jours ; soit en passant sur le carrelage un linge imbibé d'huile de lin, de manière seulement à le rendre gras. Cette dernière manière de procéder est plus longue à faire son effet, mais nous la croyons préférable à la première.

Dans l'un et l'autre cas on peut passer quand même l'eau de savon.

Nous avons donné consciencieusement et dans l'intérèt de nos clients tous les procédés qui peuvent assurer la solidité et la beauté de nos carrelages ; mais nous croyons devoir ajouter que le premier, c'est-à-dire le lavage à l'eau de savon et à l'eau claire est bien suffisant, quand on ne tient pas à avoir du luxe, et qu'il a, sur tous les autres, l'énorme avantage d'être facile et peu coûteux.

Enfin lorsque l'hydrate de chaux est formé dans les carreaux, c'est-à-dire lorsque ceux-ci ne se couvrent plus de carbonate et que la netteté et la vivacité des couleurs est permanente, l'entretien se borne à promener sur le carrelage un linge légèrement mouillé ; c'est le balayage le plus hygiénique et le meilleur pour nos produits. Certaines personnes poussent les soins jusqu'à sécher ensuite le carrelage avec une peau, comme pour les parquets cirés ; nous ne pouvons qu'approuver cette manière de procéder, car abondance de soins ne peut pas nuire.

AVIS TRÈS-IMPORTANT. — Nous devons prévenir nos clients nouveaux qu'il est nécessaire que le mortier qui a servi pour la pose soit durci et sec pour que la vivacité des couleurs de nos carreaux soit parfaite. Dans les premiers temps l'humidité saturée de sels de chaux, qui remonte à la surface du dallage, détermine toujours une couche blanchâtre de carbonate de chaux qui s'enlève au lavage pour reparaître ensuite et qui ne disparaît complètement qu'à la formation de l'hydrate de chaux, c'est-à-dire de 15 jours à 3 mois après la pose, selon que les carreaux employés sont fabriqués depuis plus ou moins de temps, ou que la pose du carrelage a lieu en été ou hiver, par un temps et dans un lieu sec ou humide.

D'autre part certains carreaux pénétrés par l'humidité qui est sous le sol prennent une teinte foncée que l'on prendrait facilement pour une tache d'huile. Mais que nos Clients nouveaux ne soient pas le moins du monde effrayés par ce résultat qui est la conséquence de l'humidité du sol ou du béton qui a servi à la pose : loin de nuire à nos produits l'humidité leur est favorable et en assure au contraire la durée. Les tâches disparaîtront au fur et a mesure que le carrelage sèchera et les carreaux n'en seront que plus solides et plus adhérents : on doit toujours se méfier d'une pose *trop blanche*.

Les tâches que l'on remarque sur les dallages posés depuis peu ne doivent pas empêcher les lavages à l'eau de savon ou à l'eau claire que nous recommandons de faire souvent.

Nota. — Quelques Clients nous demandent des carreaux *très blancs* et *très noirs*. A cette demande nous devons opposer les considérations suivantes dont nous laissons l'appréciation à nos lecteurs :

Un carrelage dont les nuances sont trop tranchées est dur à l'œil et rend la tâche du peintre décorateur très ingrate. Au surplus, l'entretien et la propreté d'un tel dallage, exige un soin tout particulier qu'il n'est pas toujours facile de concilier avec le service ordinaire d'une maison, tandis que dans le carrelage en granit un simple lavage suffit.

La couleur *noir foncé* de nos *carreaux unis* ne s'obtient qu'à l'aide d'un encaustique noir, sans lequel le carreau serait semblable au marbre noir. qui n'a subi qu'un poli imparfait ou dont le poli a été altéré par le piétinement. Dans nos granits et nos marbres, au contraire, le carreau rendu terne parles sels de chaux au moment de la livraison ou de la pose, se fonce de jour en jour avec le piétinement et le lavage.

Aussi, après expérience, tous nos clients ont-ils donné la préférence à ces derniers, dont le prix supplémentaire de 0 fr. 50 c. par mètre carré, ne représente pas même le surplus de main-d'œuvre, et pour la vente desquels nous faisons un véritable sacrifice, dans l'intérêt de l'acheteur et de la réputation de nos produits.

COMPLÉMENT

De la Notice sur les Carreaux

FABRIQUÉS PAR

F. LAUZUN & Cie

FABRICATION

Par un procédé aussi simple qu'ingénieux et à l'aide d'une série d'appareils de divers systèmes qui, mus par la vapeur nous permettent l'économie de la main d'œuvre et la rapidité du travail, nous pouvons livrer toute espèce d'incrustation mosaïque et reproduire tel dessin que ce soit, de nuance et de forme, pourvu qu'il ne soit pas de propriété. Nous ne prenons qu'une bien légère augmentation, calculée strictement sur le surplus de dépense ou de main-d'œuvre pour ces travaux spéciaux, à moins que par la nature et l'importance de la commande, il nous soit permis de l'établir au prix normal de nos ventes.

La couleur de l'inscrutation, qu'elle soit rouge, jaune, noire ou granit, ne change en rien le prix du dessin : il n'est fait d'exception que pour les incrustations de couleur bleue, verte ou rouge extra-fin, dont le prix varie de 0 fr. 50 c. à 3 francs par mètre carré, suivant la nature et la quantité de la matière colorante employée. Nous acceptons donc, sur commande, toute modification de nuance qui pourrait nous être proposée.

Toutefois nous ferons remarquer que nos produits n'étant généralement secs et livrables que trois mois après la fabrication et que, dans ce cas, des accidents imprévus nous faisant une obligation de fabriquer un dixième ou un vingtième en sus du nombre de carreaux nécessaires, pour n'être pas pris au dépourvu au moment de la livraison, ces carreaux seront acquis au client et portés sur facture, quel que soit leur état d'acceptation, sauf entente préalable.

L'expérience nous ayant démontré que les dessins trop nombreux ne fesaient qu'augmenter nos séries en pure perte, rendre le choix du client plus difficile et nous placer très souvent dans l'impossibilité de livrer la marchandise, nous avons réduit le nombre et la forme de nos carreaux lithoïdes mosaïques, granits et marbres, tout en adoptant quelques nouveaux dessins, que le bon goût nous a fait un devoir de créer ; mais sur commande et après entente préalable, tant sur les délais nécessaires que sur le prix, nous sommes toujours disposés à exécuter les dessins portés dans nos anciens albums.

Nous ne fabriquons donc plus que sept séries de carreaux de diverses formes, comme l'indique le tableau ci-après :

SÉRIE.	FORME ET DIMENSION.	NATURE DES CARREAUX DE FABRICATION COURANTE.	NOMBRE AU MÈTRE CARRÉ.
1	Carré de 10 c. de côté.	Blanc, noir, mosaïque, marbre .	100
2	— 20 —	Blanc, noir, mosaïque, marbre, granit	25
3	— 25 —	Blanc, noir..................	16
4	Hexagone de 13 c. —	Blanc, noir, mosaïque.......	23
5	Carré long de 10 sur 20c.	Noir, mosaïque, granit......	50
6	Octogone de 10 c.	Blanc, mosaïque, marbre....	16 et 16 carrés de 10 c
7	Pan coupé de 19 s. 4 1/2.	Blanc......................	16 et 16 carrés de 4 1/2.

Pour faciliter les diverses combinaisons et ne pas nous jeter dans un travail impossible, on remarquera que nous avons adopté le carreau de 20 centimètres de côté comme type de notre fabrication courante ; aussi trouve-t-on, dans cette 2ᵉ série du tableau, des carreaux de tous les genres : blancs et noirs unis, mosaïques, marbres et granits. Il suffit d'ailleurs de jeter un coup d'œil sur la feuille-spécimen qui est à la fin de ce traité pour se convaincre de la diversité des dessins que nous possédons dans cette série. Dans les autres séries de carreaux, nous n'avons adopté que les genres de fabrication qui sont de vente courante. Ainsi, par exemple, dans la 3ᵉ série qui est celle des carreaux de 25 centimètres de côté, nous ne faisons que le carreau blanc et noir. Dans la 7ᵉ série, nous ne faisons que le carreau blanc.

La supériorité, à tous les points de vue, de nos granits et de nos marbres, leur a valu les honneurs de l'imitation et de la contrefaçon, nous prions donc les personnes qui auraient à faire l'emploi de nos produits, de s'assurer que le granit occupe toute la partie supérieure du carreau à une profondeur de 6 à 10 millimètres et n'est pas une simple *peinture à la fresque,* comme nous avons pu nous en convaincre nous-mêmes, dans certaines circonstances.

CONDITIONS DE VENTE

Les carreaux, que ce soit dallage, frise ou bordure, sont vendus au mètre carré, rendus en gare expéditrice de *Pierre-latte* (Drôme), chemin de fer de Paris-Lyon-Méditerranée et chargés sur wagon.

Lorsque nos dallages sont expédiés en caisse, il est compté *un franc* par mètre carré, pour l'emballage et le prix des caisses, qui restent à la charge du destinataire. Ce dernier peut cependant nous les retourner *franco en gare de Pierre-latte ;* nous les acceptons alors avec une moins value de 0,25 c., c'est-à-dire que leur valeur est déduite sur facture à raison de 0,75 c. par mètre.

Nous faisons encore pour l'*Exportation* des caisses plus fortes, dont le prix varie de 1 fr. 20 à 1 fr. 50 par mètre carré, selon les instructions qui nous sont adressées.

Nos expéditions se font en *vrac* ou en *caisses*, à la demande des destinataires, et, à défaut d'instructions suffisantes, nous prenons toujours le mode d'expédition qui est le plus favorable au client. Cependant nous devons faire observer qu'il est toujours préférable d'expédier *en vrac*, autant que faire se peut. Par ce moyen, le destinataire peut constater à réception l'état de la marchandise, tandis qu'en recevant des caisses l'emballage peut être intact et l'intérieur brisé, par suite d'un choc en chemin de fer ou d'une mauvaise manutention en gare ou au camionnage.

Aussi pour éviter toutes difficultés et toutes contestations, toujours désagréables, nous prévenons bien nos clients que nos expéditions étant faites avec tous les soins possibles et par nous-mêmes, nous n'acceptons, dans aucun cas et pour quelle cause que ce soit la responsabilité des avaries survenues en route. Il est donc du devoir du destinataire qui aurait à se plaindre d'un avarie quelconque, de faire constater le dommage par qui de droit, avant de prendre livraison de la marchandise, afin d'en laisser la responsabilité à l'administration chargée du transport (art. 1782, 1783 cod. civ., art. 122 cod. comm.)

S'il n'est pas juste que le Client paye une marchandise avariée, il n'est pas raisonnable non plus que le Fabricant supporte les conséquences d'un état de chose dont il n'est pas l'auteur. Il ne peut y avoir que deux coupables et par suite deux personnes responsables : ou celui qui a effectué le transport d'une marchandise qu'il rend avariée après l'avoir acceptée en bon état, ou le destinataire qui par négligence n'a pas fait ses réserves en prenant livraison de la marchandise. Dans l'un et l'autre cas l'expéditeur n'y est pour rien.

Les carreaux pour bordure peuvent s'employer seuls ou avec d'autres carreaux pour former des *bordures composées*, dont la largeur peut varier à volonté. On trouvera dans notre album des modèles qui pourront faire comprendre au client tout le parti qu'il peut tirer de nos différents carreaux.

La *feuille-spécimen* donnant nos carreaux de fabrication courante, pris isolément, ne donne qu'un seul carreau de coin ou de frise indifféremment pour chaque numéro de même dessin, et de nuance différente ; il suffit donc de demander le numéro du dessin choisi pour recevoir la frise et l'angle ou coin assorti.

Lorsqu'il s'agit d'une expédition faite à un entrepositaire ou d'un dallage pour appartement qui doit avoir plus de 4 coins par suite des sinuosités de la bordure, il est toujours indispensable de nous désigner d'une manière spéciale la nature et la quantité des angles ou coins qui sont nécessaires à la pose ou à l'entrepôt.

Nous ferons remarquer encore que le filet n° 501 pouvant s'employer indifféremment avec son angle ou avec le croisement n° 502, nos clients devront nous fixer, à part, la quantité d'angles ou de croisements qu'ils désirent, selon qu'ils voudront employer ce numéro en bordure ou en panneaux.

La même remarque a lieu pour le croisement n° 502, qui peut se poser seul et former un dallage en treillis, d'un bel effet pour corridor. Il sera donc indispensable de nous demander à part les filets qu'on désirera, si ce carreau doit être employé pour composer des panneaux ou des raccords à croisements.

On a dû remarquer dans le tableau indiquant nos diverses séries de carrelage que les carreaux noirs et blancs se fabriquent indifféremment en 20 ou 25 centimètres de côté : à défaut d'indication suffisante, nous envoyons la dimension qui est la plus convenable à l'étendue des surfaces à daller.

Lorsqu'il sera fourni un modèle de carreau qui ne sera pas porté sur la *feuille-spécimen* de nos carrelages ou sur nos dessins d'ensemble, ce modèle recevra un numéro d'ordre qui sera indiqué sur la facture et qu'il suffira de nous rappeler pour recevoir un carreau identique de nuance et de forme.

TARIF

Des Carreaux portés sur la feuille spécimen, rendus en gare de Pierrelatte et chargés sur wagon.

Nota. — Le prix des dessins d'ensemble variant avec la nature des carreaux introduits dans le carrelage, le présent tarif ne donne que le prix de chaque série de carreaux prise séparément.

1° Carreaux unis, granits ou marbres.

Carreaux unis blancs, quelle qu'en soit la forme...	3	50
— — noirs, — —	5	50
— — granits, modèles nᵒˢ 87, 88, 477, 478.	6	»
— — marbres, nᵒˢ 344, 345, 402, 409, 410..	6	50

2° Carreaux à Dessins mosaïques.

Nᵒˢ 220, 221, 283, 284, 482, 515, 516.............	5	»
— 51, 53, 84, 501, 502, 530, 540, 543..........	5	50
— 80, 85, 86, 89, 242, 243, 244, 245, 479, 509, 531.	6	»
— 83, 94, 95, 433, 434, 446, 461, 462, 465, 510, 511, 520, 539, 549................................	6	50
— 235, 241, 296, 458, 475, 476, 519, 538, 546, 550, 551.	7	»
— 448, 460......................................	7	50

3° Alphabets divers.

Chaque lettre....................................	0	40

4° Stylobates ou plinthes à moulure

(VENDUS AU MÈTRE LINÉAIRE)

Marbres : modèles, nᵒˢ 208 et 209.................	1	50

Nota. — Les ventes sont toutes faites au comptant et payables dans Bourg-St-Andéol. Le cas d'un mandat en couverture ne change en rien le lieu du paiement, quelles que soient les stipulations contraires, cette mesure n'étant prise que pour faciliter l'acheteur.

1 2 3 4 5 6 7 8
Hauteur 58 centimètres
PROFILS
EN TOUS GENRES
Hauteur, 58 centimètres
Vases avec ou sans ornements
ATELIER SPÉCIAL
DE BALUSTRES EN PIERRE
fabriqués par F. LAUZUN & L. CHASREL réunis sous la raison sociale
F. LAUZUN & Cie à Bourg-St-Andéol (Ardèche)
PIERRE BLANCHE
de Ste JUSTE
PIERRE TRÈS FINE
DU GARD
Approvisionnement conforme aux desseins
Le poids des balustres varie avec leur dimension, leur forme et la nature de la pierre. Il est en moyenne de 12 kilogr.

OBSERVATIONS

On trouve toujours dans nos ateliers une certaine quantité de balustres en pierre blanche, fabriqués d'avance et conformes aux huit modèles de notre feuille spécimen; mais, sur commande, nous pouvons exécuter tous les profils qui nous seraient demandés.

Nous tournons aussi, sur les mêmes profils, des balustres plus grands et plus petits, dont le prix varie, en plus ou en moins, selon la hauteur de la pièce et se traite de gré à gré.

Le prix d'une balustrade complète ne peut s'établir que sur la communication des plans et dessins fournis par M. l'Architecte, chargé de la direction des travaux.

L'emballage se paye 0.30 par balustre.

TARIF DES BALUSTRES

chargés sur vagon en gare expéditrice de Pierrelatte (Drôme).

MODÈLES	PIERRE BLANCHE DE Ste JUSTE		PIERRE FINE DU GARD	
N.º 7.	3	25	4	25
N.º 1. 2. 3. 4. 6. 8.	3	50	4	75
N.º 5.		75	5	25

CARREAUX

LITHOÏDES MOSAÏQUES

Granits et Marbres Factices Composés,
en Portland - Lafarge,

POUR DALLAGES & CARRELAGES

fabriqués par F. LAUZUN & L. CHABREL réunis sous la raison sociale:

F. LAUZUN & Cie.

Pour les Commandes & Travaux à exécuter
dans le Département de

S'adresser à Mr.

USINE MODÈLE

à Bourg-St-Andéol (Ardèche)

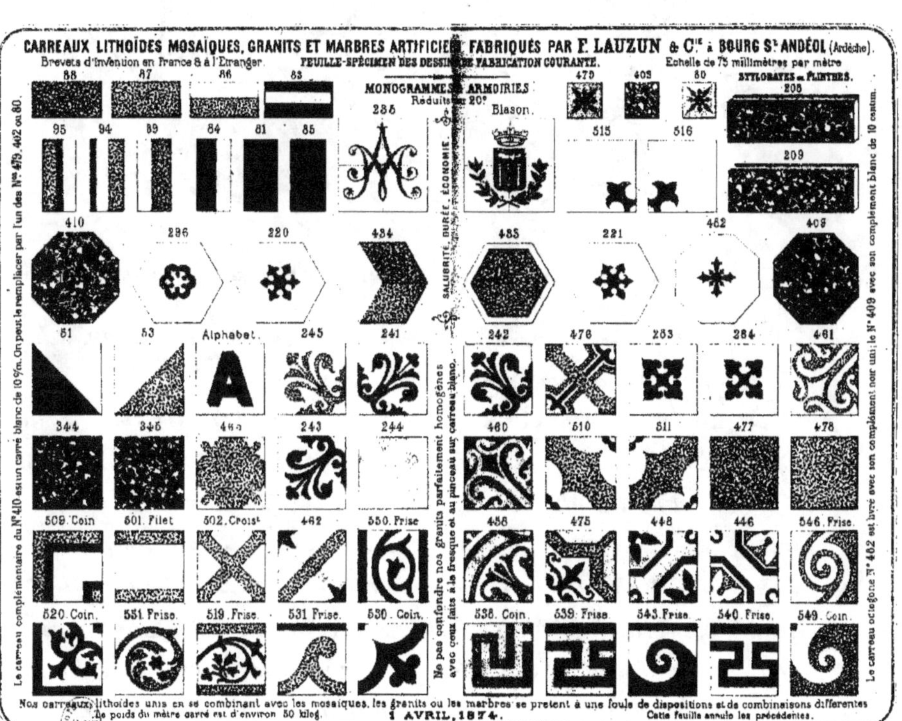

CARREAUX LITHOÏDES MOSAÏQUES, GRANITS ET MARBRES ARTIFICIELS FABRIQUÉS PAR F. LAUZUN & Cie à BOURG St ANDÉOL (Ardèche).
Brevets d'invention en France & à l'Étranger.
FEUILLE-SPÉCIMEN DES DESSINS DE FABRICATION COURANTE.
Echelle de 75 millimètres par mètre
MONOGRAMMES & ARMOIRIES
Réduits sur 20°
Blason.
STYLOBATES ou PLINTHES.
Alphabet.
Coin
Filet
Croist
Frise.
Nos carreaux lithoïdes unis en se combinant avec les mosaïques, les granits ou les marbres se prêtent à une foule de dispositions et de combinaisons différentes
Le poids du mètre carré est d'environ 50 kilog.
1 AVRIL, 1874.
Cette feuille annule les précédentes.

BREVETÉS EN FRANCE (S.G.D.G.) ET A L'ETRANGER

Récompenses aux Expositions industrielles.

CARRELAGES RECONNUS SUPÉRIEURS

1° Par leur salubrité, attendu qu'ils n'absorbent pas l'humidité et ne donnent pas de poussière comme la terre cuite.

2° Par leur durée et leur économie, puisqu'ils reçoivent les lavages sans subir la moindre altération, l'eau n'ayant d'autre effet que d'en augmenter le poli et la dureté.

3° Par la variété de la forme et des couleurs, que l'on peut modifier au gré des clients, ce qui permet d'obtenir les dessins les plus variés, comme il est facile de s'en convaincre à la vue de l'album complet, se composant de plus de 600 dessins, que nous tenons à la disposition des personnes qui veulent bien nous honorer de leur visite. Aussi MM. les Ingénieurs et Architectes se sont-ils empressés de les adopter dans tous les pays où ce nouveau système a été connu, en France comme à l'Étranger.

NOTA : Ne pas confondre nos produits avec les carreaux similaires, de nature crayeuse, dont la résistance au frottement est nulle et qu'il faut enlever 6 mois après la pose.

S'assurer également que les incrustations, le granit et le marbre ne sont pas une simple peinture à la fresque, mais occupent toute la partie supérieure du carreau à une profondeur de 6 à 10 millimètres.

ATELIER SPÉCIAL

DE

BALUSTRES EN PIERRE

Les nombreuses demandes qui nous arrivent depuis longtemps pour savoir si nous fabriquons des balustres en pierre factice avec le ciment Portland-Lafarge, nous prouvent que nos Représentants peuvent avoir un écoulement facile de cet article, dont l'emploi commence à se généraliser dans les constructions modernes. Aussi avons-nous cru répondre à un véritable besoin, en nous livrant tout spécialement à la fabrication des balustrades, balustres, vases, colonnettes et tous autres ouvrages de tour qui serviront de complément à notre industrie de carrelages mosaïques, marbres et granits.

Toutefois au lieu d'installer un atelier de *produits factices,* dont l'emploi serait pour le moment excessivement restreint et le prix relativement trop élevé, nous avons profité de notre position toute exceptionnelle, à proximité des pierres blanches de Ste-Juste, et de la pierre excessivement fine du Gard, pour n'offrir à nos Clients que des produits naturels.

Il y aurait à la vérité toute une branche d'industrie à créer et à exploiter, si l'on voulait donner à la fabrication des pierres factives, avec ou sans ornements, toute l'extension dont elle serait susceptible : on pourrait en quelque sorte construire de tout point des maisons entières ; mais une telle organisation nous forcerait de sortir du cadre que nous nous sommes tracé. En industrie, comme en littérature, *il faut savoir se borner* et ne jamais dépasser le but que l'on veut atteindre. Nous avons donc laissé cette partie bien intéressante de la *plastique lithogéne* à des maisons spéciales comme celle qu'ont créé MM. Cognet frères, à St-Denis, et nous nous sommes exclusivement livrés à la fabrication des objets en pierre, que notre installation mécanique à vapeur et des ouvriers spéciaux nous permettent de pousser avec un développement tout particulier. En offrant ces nouveaux produits de notre fabrication à des prix modérés, nous croyons rendre un véritable service à nos Correspondants et donner à cette nouvelle branche de l'industrie une extension inconnue jusqu'à ce jour.

On trouvera constamment dans nos magasins une certaine quantité de balustres fabriqués d'avance, sur les divers modèles de notre feuille-spécimen, mais les genres que nous avons cru devoir adopter ne sont pas les seuls que nous puissions livrer à nos Clients. Nous sommes en mesure de fournir sur commande tous les profils qui nous seraient demandés et nous avons dans nos ateliers des modèles de balustres, en tous genres, que le défaut d'espace ne nous permet pas de faire figurer dans nos dessins. D'ailleurs la forme des balustres étant excessivement variée en hauteur et en profil, il est rare qu'on ne soit pas obligé de travailler sur commande.

Généralement la forme des balustres ne change en rien le prix de vente et nous facturons toujours les profils nouveaux, en les assimilant à l'une des trois catégories qui forment notre tarif (1), pourvu que leur hauteur ne dépasse pas les dimensions normales, de 55 à 58 centimètres : au-dessus de cette hauteur le prix varie avec le surplus de pierre employée et se traite de gré à gré.

Nous fabriquons également, sur commande, des balustres dont les dimensions sont réduites et dont le prix se traite également de gré à gré.

Les balustrades complètes sont vendues au mètre courant, quand nos Clients le demandent, mais le prix pouvant varier, pour les mêmes dessins, suivant le nombre des dés et la quantité des balustres employés, nous préférons établir nos prix sur chaque objet séparément et faire ensuite un devis d'ensemble. Nous ferons observer cependant qu'il entre ordinairement 3 balustres au mètre courant et que les dés se répètent tous les trois mètres, sans toutefois donner cette observation comme une règle certaine et d'une valeur absolue, car la longueur totale de la balustrade doit, avant tout, servir de base pour la distance d'un dé à l'autre et déterminer le compartiment des balustres. Il serait au surplus très difficile d'établir un prix régulier pour une

---

(1) Selon le diamètre des balustres, la hauteur restant la même, nos balustres sont vendus 3 fr. 25, 3 fr. 50 et 3 fr. 75 pièce, tournés en pierre blanche de Ste-Juste.

balustrade complète, à cause des retours qui peuvent existe r, des ressauts, des moulures plus ou moins compliquées du socle et de l'appui, des sallies sur les dés, etc., etc. Dans la confection d'une balustrade on doit surtout se conformer au style général adopté et suivi par M. l'Architecte et dans ce cas on ne peut opérer que sur la communication d'un plan dressé par lui. Aussi lorsqu'on voudra nous confier l'exécution d'une balustrade complète, on devra d'abord nous en adresser les plans et profils et, sur ces données, nous en fixerons le prix, que nous établirons toujours aux conditions les plus modérées.

Notre tarif ou prix courant ne portera donc que sur les balustres pris séparément. Quoiqu'il en soit, nous donnons dans notre feuille-spécimen quelques modèles de balustrade complète, ainsi qu'un modèle de vase avec ornements. On remarquera que dans les balustrades il y a toujours un demi balustre contre chaque dé. Comme il est très facile de scier un balustre en deux parties, avec une scie ordinaire, c'est-à-dire une scie à bois et qu'il serait bien difficile, pour ne pas dire impossible, d'expédier un demi balustre sans s'exposer à le voir arriver en pièces à destination, nous n'expédions jamais des demi balustres, à moins d'une demande expresse et, dans ce cas, nous ne garantissons nullement la bonne réception de la marchandise, malgré tous les soins que nous pouvons apporter à l'emballage.

Lorsque l'importance de la commande ne nous permet pas d'expédier en vrac, nous emballons les balustres dans des caisses. Une caisse mesure 0^m 75 centim. dans œuvre et contient généralement 4 ou 5 balustres. Son prix est de 1 fr. 20 cent. en y comprenant le prix de la caisse et les frais d'emballage.

Si le destinataire veut nous faire retour des caisses vides, nous les reprenons *rendues franco* en gare de Pierrelatte à raison de 0 fr. 80 cent. chaque, c'est-à-dire que nous faisons subir à l'emballage qui nous est rendu, une dépréciation de 0 fr. 40 cent. qui représente les frais d'emballage et le remontage des caisses.

On peut facilement et à peu de frais nous faire retour des caisses vides *franco* en gare de Pierrelatte : on n'a que 0 fr. 80 cent. à débourser pour ce retour, quelle que soit la quantité des caisses et la distance de la gare destinataire à la gare expéditrice. Pour cela il faut démonter les caisses vides, lier les planches en paquets avec une corde et les remettre à la gare destinataire qui a fait livraison de la marchandise, en demandant spécialement le retour franco de l'emballage et fournissant à l'appui de la demande portée sur la déclaration le récépissé qui indique le numéro et le jour d'expédition des caisses pleines.

Lorsqu'une balustrade doit être posée sur une rampe d'escaliers, il nous arrive souvent de recevoir une commande avec balustres rampants dont nous ne conseillons jamais l'emploi.

Les balustres rampants, en effet, ne peuvent se faire régulièrement qu'à la main et, dans ce cas, le prix n'en est pas abordable. A la vérité quelques industriels ont essayé de monter des appareils spéciaux pour produire cette pièce mécaniquement ; mais le prix de l'outillage, la difficulté du travail et le manque de débouchés portent encore le balustre à un prix trop élevé. Au surplus le profil de ces sortes de balustres n'a rien de gracieux : il est difforme et nous pourrions même le dire ridicule, comme il est facile de s'en convaincre par les échantillons que nous avons en magasin.

Dans le cas d'une balustrade rampante, nous conseillons donc toujours de poser des balustres à profil droit et de prendre le rampant sur le socle et le tailloir du balustre lui-même, que l'on ajuste suivant l'inclinaison de la rampe d'escaliers. Le plus souvent il est nécessaire de donner à ces sortes de balustres des proportions différentes pour avoir plus de hauteur au socle et au tailloir ; mais cette modification ne peut amener tout au plus qu'une augmentation de prix de 50 cent. par balustre, tandis que les balustres tournés rampants, en pierre de Ste-Juste, sont vendus 12 à 15 fr. pièce, suivant le profil et l'inclinaison. Nous ajouterons encore que ce prix est pour des balustres de 0^m 55 c. de hauteur sur l'axe et de 0^m 15 c. à 0^m 18 c. de diamètre, et pour une vente d'au moins 15 balustres semblables : un seul balustre tourné rampant sur commande s'est payé 25 fr.

Avignon. — Imp. Gros frères.